聪明宝宝
怎么吃

CONGMINGBAOBAO ZENMECHI

易磊　牛林敬◎编著

人民军醫出版社

PEOPLE'S MILITARY MEDICAL PRESS

北京

图书在版编目（CIP）数据

聪明宝宝怎么吃 / 易磊，牛林敬编著，-- 北京：人民军医出版社，2014.11

ISBN 978-7-5091-7730-3

Ⅰ.①聪… Ⅱ.①易… ②牛… Ⅲ.①婴幼儿—保健—食谱 Ⅳ.①TS972.162

中国版本图书馆CIP数据核字（2014）第203075号

策划编辑：崔晓荣　　　文字编辑：刘颖　韩志　　　责任审读：黄栩兵

出版发行：人民军医出版社　　　　　　　　经销：新华书店

通信地址：北京市100036信箱188分箱　　邮编：100036

质量反馈电话：（010）51927252；（010）51927283

邮购电话：（010）51927252

策划编辑电话：（010）51927288

网址：www.pmmp.com.cn

印、装：三河市春园印刷有限公司

开本：710mm×1010mm　　　　1/16

印张：19.25　　　　字数：217千字

版、印次：2014年11月第1版第1次印刷

印数：00001—10000

定价：26.80元

内容提要

　　如何科学喂养宝宝，一直是困扰许多初为人母的难题。对此，编者从宝宝健康成长出发，针对家长在养育宝宝过程中所出现的实际问题，详细介绍了0-3岁宝宝所需营养素、喂养难题、辅食推荐、疾病调养等内容，使她们能在宝宝0-3岁的不同阶段得到具体而针对性强的指导，并帮助她们快速掌握科学喂养方法，不再为"宝宝怎么吃"而手足无措。宝宝是父母的希望，聪明的宝宝需要科学的喂养。

前　言

从宝宝呱呱落地的那一刻起，为人父母的乐趣便无穷尽，而各种担心也不断困扰着父母，因为一系列关于育儿的新问题、新麻烦接踵而至，如宝宝不好好喝奶怎么办？宝宝不好好吃饭怎么办？宝宝不吃辅食怎么办？妈妈乳汁不足怎么办？……喂养问题常常让初为人母的你手足无措。正如人们常说的：孩子是甜蜜的负担和麻烦。

养育宝宝是一项重大而又艰辛的任务，宝宝通过科学合理的喂养和细致入微的护理，可得以健康、聪明地成长，这对家长的育儿能力是一种考验。饮食与营养问题是育儿过程中十分重要的环节，尤其是针对0-3岁的宝宝。0-3岁阶段是宝宝大脑和身体发育的黄金时期，也是宝宝一生中发育最快、营养需要最多最全面的重要阶段。如何满足宝宝发育的营养需要，喂养方式是否正确是重中之重，这期间如果喂养不当就会出现很多问题，如生长缓慢、精神状态不好、睡眠不好等，甚至影响一生的健康状况。因此，一定要认识到喂养的重要性，更要掌握科学的喂养方法，为宝宝的聪明、健康成长打下坚实的基础。

基于此，我们搜集了最先进的育儿理念、最贴切的育儿经验和最科学的营养喂养知识，针对0-3岁的宝

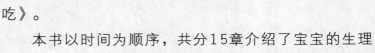

宝养育的实际问题，精心编写了这本《聪明宝宝怎么吃》。

　　本书以时间为顺序，共分15章介绍了宝宝的生理特点、发育特点、体质特点、病理特点、喂养常识、宝宝健康成长的必需营养素，详细介绍了0-3岁宝宝的喂养知识，列出了具体的同步喂养要点、喂养难题及辅食推荐，以逐步给予具体的有针对性的指导，使初为人母的你能快速掌握喂养方法，从纷乱复杂的育儿困惑中走出来，找到适合自家宝宝的喂养策略，不再为"宝宝怎么吃"而手足无措。同时，介绍了宝宝的常见不适和疾病的调养方法、食疗及预防指导。

　　宝宝是父母的希望，科学喂养可以让宝宝更健康、更聪明。希望这本书能成为初为人母的你的育儿帮手，更好地为宝宝的健康成长保驾护航！

编　者

2014年5月

目 录

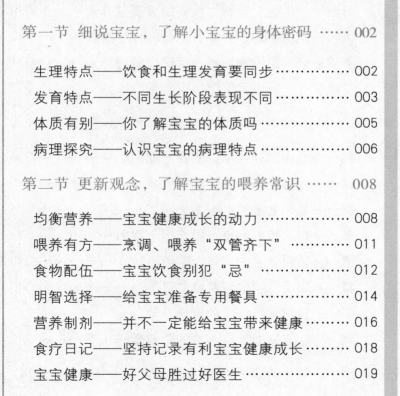

第3章　0-3个月：新生宝宝喂养同步指导

第4章 **3-4个月：宝宝喂养同步指导**

第5章　4-5个月：宝宝喂养同步指导

第6章 5-6个月：宝宝喂养同步指导

第7章　6-7个月：宝宝喂养同步指导

第8章 **7-8个月：宝宝喂养同步指导**

第9章 8-9个月：宝宝喂养同步指导

第10章 9-10个月：宝宝喂养同步指导

第11章　10-11个月：宝宝喂养同步指导

聪明宝宝 怎么吃

第12章 11-12个月：宝宝喂养同步指导

第13章　1-2岁：宝宝喂养同步指导

第14章 2-3岁: 开始吃饭, 宝宝喂养同步指导

第15章　早查早治，远离异常远离疾病

第1章

裁衣先量体，科学喂养聪明宝宝

宝宝的饮食与营养问题，看似简简单单一个"吃"字，里面却蕴含着大学问。有的宝宝喜欢喝奶，有的宝宝喜欢吃饭菜，有的宝宝什么都喜欢吃，有的宝宝什么都不喜欢吃。在不喜欢吃的宝宝中，真正有病的不多，大多是喂养不当所致。如何喂养一个聪明、健康的宝宝呢？要解决宝宝的喂养问题，首先要了解宝宝的身体密码，解决爸爸妈妈认识上的问题。只有根据宝宝的生理、发育特点，尊重宝宝对食物种类和食量的选择，才是避免宝宝厌食、喂养聪明宝宝的关键环节。

第一节

细说宝宝，了解小宝宝的身体密码

 生理特点——饮食和生理发育要同步

从中医学的角度讲，婴幼儿的生理特点归纳起来有以下两个方面。

1. 脏腑娇嫩，形气未充

脏腑即五脏六腑，娇嫩指柔嫩、娇弱。形气指形体结构的各种生理功能活动，未充就是说宝宝机体各系统和器官的形态发育都未成熟，生理功能不完善。0～3岁的宝宝机体柔嫩，气血未足，肠胃柔弱，筋骨不强，经脉未盛，内脏精气不足，卫外功能未固，阴阳二气均属不足。如肠胃发育不成熟，胃缺少胃液，容易引发厌奶、食欲缺乏等问题；鼻腔功能不成熟，鼻黏膜神经易受刺激，很容易引起打喷嚏、流鼻涕等情况；吞咽功能不成熟，吃奶或者进食时会将空气带入肠胃中，引发打嗝或者吐奶等问题。因此，宝宝在日常生活中出现的一些状况并不一定是疾病，而是由于宝宝特殊的生理特点造成的，喂养宝宝时需要父母加倍呵护和照顾。随着年龄的逐步增长，宝宝才能不断地趋向于健全和成熟。约在14岁的时候，孩子才基本发育成熟。

2. 生机蓬勃，发育迅速

婴幼儿从出生到成人，都在不断生长发育，表现出阳气盛、生机蓬勃、发育迅速等特点，且年龄越小，生长发育越快。古代的医家把这种生发向上、迅速成长的现象称为"纯阳之体"。

"纯阳"的意思是：以阳为用，是说婴幼儿处于蒸蒸日上、欣欣向荣的发育阶段，其体格、智慧、动作以及脏腑的功能都在不断趋向成熟和完善，这些特点都依赖于阳气的升发。阳生有赖于阴长，即随着阳气不断地生长，阴气也随之生长，即"阳生阴长"的相互依存关系。原来的阴阳平衡不断被打破，形成新的阴阳平衡。这种阴阳平衡的不断更替，构成了婴幼儿生长发育的全过程。因为婴幼儿机体正处于不断的生长发育时期，对于水谷精气的需要量也比成人要多，而储备能力相对不足，一旦受外因侵扰，就会引起疾病如腹泻、高热等，很易出现精血、精液脱失等现象。所以，婴幼儿要注意"扶阳护阴"，重视饮食调理，以适应"阳生阴长"的特殊需要，保证婴幼儿的正常发育成长。

 ## 发育特点——不同生长阶段表现不同

1. 新生儿期

从出生到28天，宝宝身体内部和生活环境发生了重大变化，宝宝脱离母体开始了独立生活，但小儿机体生理调节和适应能力还不够成熟，易发生体温不升、体重下降，所以应加强护理，合理喂养，注意保暖及预防感染。新生儿生活适应能力差，此时期易患肺炎、败血症、颅内出血及产伤等疾病，因此，新生儿时期保健特别强调护理。

2. 婴儿期

出生后28天到满1周岁为婴儿期，又称乳儿期。宝宝这个时期的特点是：生长发育最为迅速，脑细胞的胞体体积增大，突起增长和加长，脑细胞分化达到第二次高峰（脑发育第一次高峰在胚胎期）。所以，此时期的宝宝新陈代谢旺盛，需要摄入足量的热量和各种必需营养素，否则很容易出现各种营养缺乏症，而此时宝宝的消化吸收功能尚不完善，与其高营养需求产生矛盾，易患腹泻、营养缺乏症，因此要注意合理喂养。营养以母乳为主，并逐渐添加辅食。

坚持母乳喂养

3. 幼儿期

1-3周岁为幼儿期。这个时期的宝宝生长发育相对减慢，乳牙先后出齐，饮食已从乳汁逐渐转换成饭菜，并开始慢慢过渡到成人饮食，故需要注意防止宝宝营养缺乏和消化紊乱。宝宝开始行走，与外界的接触增多，活动范围渐广，智能发育较前突出，语言、思维和应人应物能力增强，但识别危险的能力尚不足，故应注意防止意外创伤和中毒。另外，此时幼儿接触外界范围较广，而自身免疫力仍较低，传染病发病率较高，按照程序进行各种疫苗的预防接种，以增强自身免疫力，为此阶段宝宝的保健重点。

体质有别——你了解宝宝的体质吗

婴幼儿的体质可分为以下几种类型：

1. 脾胃虚弱型

这类婴幼儿平时食欲不佳，饭量很少，易疲倦，面色苍白或无光泽，容易出现腹痛、腹泻、便秘、消化不良、呕吐等症状。这类婴幼儿应当注意保护脾胃消化功能，少吃煎炸、油腻、生冷等易损伤脾胃的食物。

这类婴幼儿平时可适当选用山药、莲子、大枣煮粥，以健脾养胃。

2. 气虚型

平时爱出汗，不爱活动，面色苍白或萎黄。这类婴幼儿容易出现呼吸道感染，如支气管炎、支气管哮喘、肺炎、喘息性支气管炎等。

这类婴幼儿可适当选用温性食品，如羊肉、鸡肉、猪肚、带鱼、虾、韭菜、茴香等，因这些食物可补五脏、填精髓，强壮身体。

3. 胃热型

平时食欲好，饭量大，即俗话说的"火化食"。这类婴幼儿喜欢吃肉类食品，但常常口渴，大便干燥，易得扁桃体炎或扁桃体化脓等病症。

这类婴幼儿不宜多吃热性食品，如桂圆、杏、荔枝等。可选用性味寒凉、养阴清热的食品，如西瓜、绿豆、豆腐等。

4. 阴虚型

平时急躁爱哭，手足心发热，睡眠不安，夜间盗汗、口干、尿黄等，有的婴幼儿可兼有气阴两虚或肾气虚等。

这类婴幼儿可选用甘寒性凉的食物，如绿豆、豆腐、银耳、乌

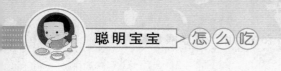
贼、牛奶、螃蟹、海蜇、鸭肉等。

婴幼儿的体质并不是一成不变的。婴幼儿属于稚阴稚阳的个体，变化极快，朝热夕即可寒。因此，家长为婴幼儿进行食疗时一定要注意适时适量，细心观察，根据孩子的体质变化及时调整饮食结构，切不可操之过急，否则对婴幼儿的健康会有不利影响。家长应及时了解宝宝的身体状况与体质，选择对症食物，对宝宝的身体发育就会大有裨益。

 ## 病理探究——认识宝宝的病理特点

1．易于发病

由于小儿脏腑娇嫩，形气未充，对某些疾病的抵抗能力较差，加上小儿寒暖不能自调，饮食不知自节，故外易为六淫之邪所侵，内易为饮食所伤，脾肺两脏疾病发病率特别高。脾为后天之本，婴幼儿的气血、营卫来源、肌肉丰满、肢体健壮与否等都与脾的功能密切相关。因为婴幼儿正处于生长发育的阶段，生机旺盛，营养物质的需要量也大，而脾胃的运化功能还未健旺，所以相对而言"脾常不足"。肺为娇嫩之脏，主持一身之气，外合皮毛，婴幼儿肺气的充实有赖于后天水谷精气的不断补充，因此肺气的强弱取决于脾气的功能状态。婴幼儿脾常不足，脾虚则肺气弱，由于肺主皮毛，所以对外防御的功能就不甚密固，容易发生呼吸系统疾病。此外，人的骨骼、脑髓、头发、耳、齿的发育都与肾密切相关。中医学认为，肾主闭藏，人体内的精气是否密固有赖于肾，肾气充沛则抗病能力强。婴幼儿肾气未盛，骨骼尚未健壮，牙齿未更换，神识尚未开阔，抗病能力也差，这都表明"肾常虚"的本质。如果婴幼儿先天禀赋不足，这些现象更为显著。

2. 易于变化

小儿不仅容易发病，而且变化迅速，寒热虚实的变化比成人更为迅速，更为复杂，具体表现为易虚易实、易寒易热。生病后，如果调治不当，容易轻病变重、重病转危。邪气盛则实，精气夺则虚，由于小儿机体柔弱，感邪后容易病势嚣张，出现实证。但邪气既盛，则正气易伤，又可迅速转为虚证，或虚实并见。在易寒易热的病理变化方面，其产生和小儿稚阴稚阳的生理特点有密切关系。"稚阴未长"，故患病后易呈阴伤阳亢，表现为热的症候群；而"稚阳未充"，机体脆弱又有容易衰竭的一面，出现寒的症候群。

3. 易于康复

由于小儿生机蓬勃，正处于蒸蒸日上、不断生长的阶段，脏气清灵，活力充沛，患病以后，若能得到及时的治疗和护理，疾病的恢复往往非常迅速。这种易于康复的特点，除了生理上的因素外，和病因单纯、少七情影响等也有关系。明代《景岳全书·小儿则》中说，小儿"脏气清灵，随拨随应，但能确得其本而取之，则一药可愈"，可以说是对小儿这一病理特点的高度概括。

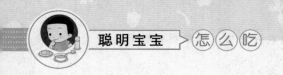

第二节 更新观念，了解宝宝的喂养常识

 均衡营养——宝宝健康成长的动力

　　均衡营养是宝宝健康成长的动力。宝宝的智力、生长发育、潜能等众多能力的发育都离不开均衡营养。营养无论是缺乏，还是过剩都会影响到宝宝未来的成长，因此，一定要均衡摄取，才能保证宝宝健康成长。

1. 营养关系到宝宝的智力发育

　　婴幼儿的发育首先是大脑。研究表明，婴幼儿出生后的第一年是大脑重量增加最快的时期，可从刚出生的350克增重到约900克。到1岁时，大脑皮质依枕叶、颞叶、顶叶、额叶的次序逐渐发育成熟；到6岁时，大脑重量约为成人大脑的90%。这说明大脑在婴幼儿时期，发育是非常迅速的。据研究测算，按照这样的发展速度，如果把一个正常成长的17岁少年的智力发育水平定为100，那么，宝宝4岁时已有50%的智力，8岁时就有80%的智力了。

　　大脑的发育有赖于母体的遗传基因，也与营养有着密切的关系。大脑细胞有两次分裂高峰，即妊娠26周和出生后的一个短时期。有关专家指出，宝宝在出生后的6个月内脑细胞的数目还在继续增加，而大脑细胞的增加必须有蛋白质、核酸以及其他辅助营养素的充足供应。因此，宝宝在产前或产后6个月内的营养十分重要。

我们知道，一个人脑细胞分裂数目越多，就越聪明。如果在大脑分裂的高峰期缺乏营养，势必会影响宝宝大脑细胞的分裂数目，从而使宝宝的智力发育受到限制，甚至产生低能儿。因此，在宝宝智力发育的高峰期，即孕期的最后3个月和出生后的6个月内，一定要给宝宝充足的营养，这将为宝宝的智能发育打下坚实的基础。

脑细胞的发育所需要的营养有蛋白质、脂肪、糖类、多种维生素及微量元素。其中蛋白质是脑细胞的主要成分，蛋白质中含有的牛磺酸可促进胎儿和婴幼儿大脑发育，有利于脑细胞的发育、增殖和成熟，并能使神经系统变得发达，功能健全。牛磺酸在母乳中的含量非常丰富，因此母乳喂养可起到良好的健脑作用。

脂肪在脑组织中含量最多，其中所含的磷脂、胆固醇、糖脂等是脑细胞的构成成分，它们能维持神经细胞的正常生理活动，并参与大脑思维、记忆、想象等智力活动。脂肪中还含有大脑必需的不饱和脂肪酸，其中的亚油酸、亚麻酸、DHA、EPA等不饱和脂肪酸，对脑细胞的发育和神经的发育起着极为重要的作用。据研究显示，长期缺乏脂肪的宝宝易引起智能缺陷，甚至造成持久性伤害，对宝宝成长非常不利。

糖类直接供给人体热能，虽然它不是脑组织的组成成分，但大脑若热能不足也会影响发育。

大脑对维生素和微量元素的每日需要量虽说不多，但对脑发育却十分重要。充足的维生素可保证大脑的正常发育与生理活动，若缺乏可引起神经系统障碍，影响大脑的正常生理功能。微量元素对大脑的发育也起着调节作用，若缺乏既会影响宝宝生长发育，同时对脑功能也是一种损害，如长期缺铁，易导致贫血，宝宝会出现注意力不集中，多动、烦躁，学习成绩下降；长期缺锌，可引起发育迟缓或停

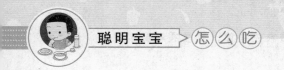

滞、智力低下、食欲缺乏等症状；长期缺碘，易影响大脑及神经系统发育，造成宝宝智力低下、痴呆，而且生长停滞，身材矮小。

由此可见，营养对宝宝的智力是非常重要的，无论哪种营养素的缺乏都会损害宝宝的大脑发育。因此，父母不仅要在孕期注重对胎儿的营养，宝宝出生后同样要注重营养的需求，尤其在宝宝快速成长的时期更应该注重。

2. 营养关系到宝宝的生长发育

宝宝的成长同样离不开营养，营养是宝宝生长发育的物质基础，它与宝宝的身高、体重、头围、胸围等的发育以及免疫力系统的构建都有着密切关系。

均衡充足的营养可促进宝宝的身高、体重、头围、胸围等的发育，增强机体的免疫能力，但营养不足则会导致小儿体重不增，甚至下降，最终也会影响身高及机体其他各系统的功能，如免疫功能、内分泌功能、神经调节功能等，而且宝宝年龄越小，受营养的影响越大。

体重不增加

婴幼儿时期，宝宝对营养物质的需要量高于成人，这是因为这个时期营养物质必须满足两方面的需求，即宝宝生长发育与活动的需求。宝宝每日所需的营养素有蛋白质、脂肪、糖类、膳食纤维、水、多种维生素及微量元素。这些营养哪一种都不可缺乏，若长期缺乏一种或多种营养素，不但会影响宝宝的生长发育，而且会造成免疫力低下，易患疾病。

营养素的缺乏对宝宝的损伤是极大的。当宝宝缺乏维生素A、维生素B_6、维生素C及微量元素锌时，宝宝免疫功能就会降低，导致细菌、病毒等有害物质侵入体内，孳生病菌，引起宝宝患病，而且久病难愈。再者缺乏钙、磷、镁、维生素D等微量元素，宝宝身高受到影响，骨骼易变形，形成鸡胸、O形或X形腿，颅骨较软，囟门持久不闭合，影响宝宝大脑的发育。

为了能有一个健康、活泼的宝宝，父母必须在宝宝成长的过程中提供充足的营养素，为宝宝的成长"添把柴，加把力"，促进宝宝的生长发育。

 ## 喂养有方——烹调、喂养"双管齐下"

婴幼儿的体质与成年人不同，他们脏腑娇嫩，突出表现在脾、肺、肾三脏。宝宝脾胃功能不足，又不知节制，爱吃寒凉或生冷零食，极易损伤脾胃，以致食欲缺乏，发育不良；宝宝对外邪的抵抗能力较差，易患感冒或咳喘等病症。因此，家长应根据婴幼儿的体质特点及食品的性质功用正确选择食物，才能改善婴幼儿的体质状态，从而预防疾病的发生。

1. 正确烹调

对于婴幼儿常吃的食物，应尽量避免炸、烤、爆炒等烹调方法，以免有效成分被破坏，或使食物性质发生变化。最好采取蒸、炖、煮的方法，以保持食物的性味。此外，要选择富含营养、容易消化的新鲜食物，注意色、香、味的调配，以提高婴幼儿的食欲，同时制作要细软，易于消化。

2. 少量多餐

小儿一次不宜进食过多，以免损伤脾胃，应通过少食多餐来获得营养。如婴幼儿突然出现不愿吃东西，食量减少，要积极寻找原因，不要强迫喂养。

3. 合理喂养

婴幼儿正处于生长发育的旺盛时期，对营养的需求相对较多。但因其脾胃功能尚未发育成熟，极易引起消化功能紊乱，出现积食、呕吐等症状，影响生长发育。家长合理喂养是指根据各年龄段婴幼儿生长发育的需要调配乳食，及时断奶及添加辅食，注意促进婴幼儿脾胃的运化功能，以增强婴幼儿的体质，使其正常发育，健康成长。

食物配伍——宝宝饮食别犯"忌"

吃，是一门很大的学问。在日常生活中，并非所有食物都可以同时食用。"搭配得宜能益体，搭配失宜则成疾。"换句话说，食物也有"相克"的时候。各种食物都有各自的性能，它们在搭配食用时，会产生各种变化，使原有性能发生改变，从而产生不同的效果。一般来说，食物的搭配关系可概括为以下四个方面。

1. 相须、相使配伍

相须配伍，即性能基本相同或某一方面性能相似的食物互相配合，可以产生协同作用，增强原有食物的功效和可食性。如百合与秋梨都具有滋阴、润肺、止咳的功效，二者相互配伍清肺热、养肺阴的作用可增强；菠菜与猪肝都具有养肝明目的功效，二者相互配伍其作用可增强。

相使配伍，即一类食物为主，另一类食物为辅，可使主要食物的功效得以加强。如风寒感冒时，可喝姜糖饮来治疗，在姜糖饮中，红糖能温中和胃，可增强生姜温中散寒的功效。

2. 相畏配伍

相畏配伍，也叫相杀配伍，即一种食物的作用能被另一种食物减轻或消除。如扁豆的不良反应能被蒜减轻或消除；酒精、野生菌类的毒性能被绿豆减轻或消除。某些鱼类引起的腹泻或皮疹的不良反应能被生姜减轻或消除；蟹的毒性能被生姜减轻或消除。

3. 相恶配伍

相恶配伍，即一种食物能减弱另一种食物的功效。如萝卜能减弱补气类食物（如山药、土豆、红薯等）的功效；生葱能降低蜂蜜的功效。

4. 相反配伍

相反配伍，即两种食物配伍使用时，能产生毒性或明显的不良反应，即配伍禁忌。如薯类和柿子同食，薯类的主要成分是淀粉，进食以后会产生大量果酸，果酸可与柿子的单宁、果胶起凝聚作用，易形成胃结石；螃蟹与泥鳅相克，二者功能正好相反，不宜同吃；猪肝忌与鱼肉、菜花、黄豆同食；黑木耳不宜与田螺同食等。

总之，相须、相使因能增强食物的功效，是食物配伍中最常用的一种；相畏对于某些有毒性或不良反应的食物来说是有积极意义的，但不常用；相恶、相反因能降低食物的功效或产生毒性，属于配伍禁忌，应注意避免。

牛奶是宝宝的重要食物，对于人工喂养和混合喂养的宝宝来说更是如此。下面介绍牛奶和哪些食物不宜同服。

（1）在喝牛奶前后1小时不宜吃橘子或其他酸性水果。因为牛奶中所含的蛋白质与橘子等水果中的果酸相遇后会发生凝固，从而影响人体对牛奶的消化与吸收。

（2）牛奶中的蛋白质80%为酪蛋白，牛奶的酸碱度在4.6以下时，大量的酪蛋白便会发生凝固、沉淀，难以消化吸收，严重者还可能导致消化不良或腹泻。因此，牛奶中不宜添加果汁等酸性饮料。

（3）牛奶中含有的赖氨酸在加热条件下能与果糖反应，生成

有毒的果糖基赖氨酸，对人体有害。所以，鲜牛奶在煮沸时不要加糖，等煮好的牛奶稍凉以后再加糖。

（4）牛奶含有丰富的蛋白质和钙，而巧克力含有草酸，两者同食会结合成不溶性草酸钙，极大影响钙的吸收，甚至出现头发干枯、腹泻、生长缓慢等现象。

（5）不要用牛奶代替白开水服药，这样会影响人体对药物的吸收。由于牛奶容易在药物的表面形成一层覆盖膜，使奶中的钙、镁等矿物质与药物发生化学反应，形成非水溶性物质，从而影响药效的释放及吸收。因此，在服药前后1小时内不要喝奶。

明智选择——给宝宝准备专用餐具

1. 专用餐具对宝宝饮食的影响

当宝宝开始抢成人手中的碗筷，并笨拙地往自己嘴里送饭时，爸爸妈妈们就该考虑为宝宝选择一套儿童专用的餐具了，餐具对宝宝来说是大有好处的。

（1）增强宝宝用餐的兴趣：精致的卡通造型、鲜艳明快的色彩会直接刺激宝宝的视觉器官，容易吸引宝宝的注意力，生动的画面能勾起宝宝天生的好奇心与强烈的驾驭欲望，宝宝会主动地自己动手吃饭，这样就大大增强了宝宝进食的兴趣。宝宝在新鲜明快的环境中进食，对身心健康都是十分有利的。

（2）培养宝宝的动手能力：宝宝1岁左右，就要开始学会使用餐具了。宝宝专用餐具的大小、长短、重量符合宝宝的需要，宝宝会比较容易将它"挥洒"得轻松自如。这有利于培养宝宝的动手能力，促进宝宝手指的灵活运动，从而锻炼宝宝的手、眼、口等肢体协调能力，更是提高大脑两半球皮质功能的有效手段，还可以避免宝宝依赖奶瓶。

（3）养成良好的饮食习惯：宝宝的专用餐具套盒越来越受到年轻父母的青睐。只要父母做好引导，宝宝有主动清洗餐具并按形状大小将餐具有条理地放回套盒的愿望。这样，宝宝不仅得到娱乐，还可以养成讲卫生、守规矩的良好习惯。

温馨提示

"儿童的智慧在手指头上。"一位对手脑关系做过多年研究的学者指出，要培养聪明伶俐、才智过人的宝宝，必须锻炼其手指的活动能力。因手指活动能刺激大脑皮质运动区。皮质细胞在3岁时已基本分化完成，0-3岁是大脑发育最快、也是智力发育的关键时期。儿童心理学家和教育学家主张，让儿童学习使用筷子，可以作为训练手脑并用的内容之一。

2. 宝宝餐具的选购

超市里琳琅满目、各式各样的儿童餐具，让人眼花缭乱。父母往往凭自己的审美观选择漂亮的、个性的餐具，但选择时要根据宝宝的生理特点，选择适合宝宝使用的专用餐具，最好也让宝宝参与其中。妈妈们挑选餐具要从以下几点入手。

（1）安全性：宝宝餐具直接关系宝宝的健康，所以餐具的用材是否达标，产品是否安全卫生，是否含有害元素，这是父母最关心的问题。知名品牌的宝宝餐具大多经过了国家卫生部门的检测，更具安全性和可靠性，所以一定要选知名品牌的宝宝餐具。

（2）实用性：如今宝宝餐具的款式多样，功能各异，如带吸盘的碗，碗底的吸盘能够把碗稳定地吸在桌面上，不容易被宝宝打翻；感温的碗和勺子能够让父母更容易掌握温度，不至于烫伤宝宝；耐高温的餐具（大多数的儿童餐具都有这项功能）能进行高温消毒，安全卫生；形状特殊的勺子，勺头弯曲，专门为小年龄的宝宝设计，因宝宝的手不会灵活拐弯，用弯曲头的勺子舀起饭后，容易把饭送进嘴里等。总之，为宝宝选购餐具要以方便实用、外形浑圆为好。

（3）多样性：塑料、不锈钢、竹木、密胺等都是儿童餐具的原料，目前市场上宝宝餐具大多使用的是塑料和不锈钢原料，密胺是最好的宝宝餐具原料。而玻璃或传统的陶瓷餐具大且重，易打碎，不方便宝宝使用。

很多餐具靠其绚丽的颜色来吸引消费者，不过，儿童的餐具最好选择无色透明、没有装饰图案，特别是内壁没有图案的餐具。千万不要购买和使用有气味的、色彩鲜艳的、颜色杂乱的塑料餐具。因为颜料中铅的含量较高，容易引起宝宝铅中毒。

温馨提示

塑料餐具由高分子化合物聚合制成，在加工过程中会添加一些化学溶剂，有一定毒性，而且不易清洗，不是理想餐具。

营养制剂——并不一定能给宝宝带来健康

有些父母认为，给孩子吃营养剂，孩子所需要的各种营养就都有了，饭吃得好坏就不太重要了。实际上，每种营养素并不是独立存在的，如铁和锌需要维生素C促进吸收，钙需要维生素D、维生素A、维生素 E、镁等促进吸收，维生素 C 还需要维生素 P 促进吸收……因此，健康不是摄入单一的高单位营养制剂就能解决的问题。家长应清楚地认识到这一点。

孩子的各个脏器都比较娇嫩，任何高单位的营养素，如果摄入量掌握不好，轻则导致营养失衡，重则导致器官不可逆的损伤。如按照营养学精确计算，婴儿每日喝800毫升左右的配方奶就足够孩子钙质的需要了，但是很多孩子还是缺钙，甚至有的孩子吃钙片也不能补充身体缺乏的钙质。其实，导致缺钙的关键问题不是钙元素摄入不足，而是孩子的脾胃功能虚弱，导致吸收不好。钙是矿物质，无论摄取自哪里，它都是一种性质坚硬的食材。脾胃为后天之本，无论身体虚弱到什么程度，只要脾胃吸收得好，身体需要的能量就能很快补充，就不是大问题。如果本身就是脾胃虚弱的孩子，再大量摄入单纯的、性阴性硬的矿物质，虽然短时间内提高了孩子的钙摄入量和骨骼沉积度，却直接造成孩子脾胃功能的恶性循环。而且滥服营养制剂对孩子造成的损伤都是慢慢积累，由量变到质变的，不良的营养结构所造成的健康甚至会在孩子成年后爆发。所以，家长要学会通过自我辨证来保护孩子。如果孩子确实需要补营养素，也要在专业的婴幼儿营养医师的指导下进行调整。首先，要了解孩子的体质、遗传影响、饮食结构和环境因素等，分析体质偏差的原因，排除不利因素。其次，要根据孩子的具体情况调整其饮食结构和作息时间、生活习惯、运动量等，尽量采取天然的、物质的方法纠正偏差体质。最后，才利用成品营养制剂来调整偏差体质。

总之，父母一定不要看别人的孩子吃什么就跟着学，要知道，同样一种食物，脾胃虚弱的孩子和脾胃强壮的孩子的吸收能力不同，食材添加顺序和种类、耐受能力也不同。

食疗日记——坚持记录有利宝宝健康成长

　　对于新手爸爸妈妈来说，当宝宝身体不适时，每天为宝宝记食疗日记，随时了解宝宝的体质与身体状况，选择对症食物，就能掌握宝宝的保健先机。

　　食疗日记应记录孩子的六个方面，即吃、喝、拉、撒、睡、玩。吃、喝是摄入问题，拉、撒是排泄问题，这四点代表宝宝身体正常的内循环状态。新手爸爸妈妈如果能掌握这四点，宝宝健康的基础就会打得很牢固。睡眠则是对身体的修补、再循环的一个过程。玩对于宝宝来说，是非常愿意接受的一条学习途径。新手爸爸妈妈需要通过观察这六个方面，来正确地关注宝宝身心的均衡发展。食疗日记的内容至少应该涉及吃、喝、拉、撒、睡五个方面。新手爸爸妈妈在食疗日记中主要记载以下内容。

　　（1）饮食：是否对牛奶制品过敏，吃饭是否挑食，是否喜欢吃菜，吃饭是多还是少，是否喜欢吃肉，宝宝何时吃什么食物，食物的搭配是怎样的，吃后有什么反应。

　　（2）舌苔：宝宝是否有舌苔，舌苔什么颜色，薄白、薄黄、厚白还是厚黄少而红。

　　（3）眼睛：宝宝是否有眼屎，眼屎多还是少。

　　（4）鼻子：是否有鼻屎，是否流鼻涕，鼻涕是稀黄色的、稀白色的、浓白色的还是浓黄色的。

　　（5）大小便：小便是否经常发黄，是否有时是赤红色，每日小便是否有5次以上，是否有泡沫；宝宝放屁多不多，放屁响不响，放屁臭不臭；大便是否臭，大便是否干，解大便是顺畅还是吃力，大便是否呈球状，大便是否有异样的味道，大便是否先干后黏，宝宝是否害怕解大便等。

（6）睡眠：宝宝晚上睡觉是否困难，是否经常翻身，是否打转，是否张着嘴，是否经常醒，是否经常出汗等。

（7）其他：宝宝饭后是否会肚子痛，上火后身上是否起湿疹，宝宝的肚子是否经常有压痛感，白天是否常出汗，白天、晚上是否咳嗽，是否超重，是否体重过轻，嘴里是否有异味等。

认识大小便
观宝宝健康

家长如果能详细记录宝宝每天的饮食情况以及宝宝生活状态的点点滴滴，并从现象入手找到根源，就能迅速而精确地摸索出最适合宝宝的调养方案。只要按照适合宝宝自身的膳食方案实施下去，相信宝宝的身体就会越来越健壮。

宝宝健康——好父母胜过好医生

俗语说得好，治未病的医生才是好医生。其实，有比好医生还重要的一位角色，那就是父母。孩子几乎是24小时需要妈妈的照顾，孩子的一个动作、一个眼神如果有些异常，细心的妈妈都可以发现。这样，如果只是一点不适，父母可以通过一些调理让孩子恢复到健康状态，不至于让病情发展到去医院看医生的程度。偶尔去一次医院，每次都会发现病号最多的是婴幼儿。细想起来，其中的原因倒不是因为孩子的体质有多差，而是大部分要归责于父母。中国很多父母在照顾孩子方面都是边实践边学习，说严重一点，孩子从某种程度上变成了父母的"试验品"，往往都是孩子出现异常状况了，才去翻书、上网、问医生。殊不知，功课要早做一点，才能防患于未然。

　　现在的年轻父母觉得压力很大，工作和家庭都不可忽视，可是毕竟没有鱼和熊掌兼得的好事。婴幼儿阶段是孩子生长发育相当重要的阶段，家长千万不能因为暂时的工作利益而忽视了孩子的身体。这个关键性的阶段没有照顾好，孩子的成长可能会受到很大影响，如身体发育不良、偏食、挑食、免疫力差、容易生病等。其实，照顾好孩子也并非那么难，不需要懂得多么专业的知识。但是一些最起码的照顾孩子的常识要熟知，真正的好父母，应该是孩子的家庭医生，熟悉孩子各个时期的生长发育特点、不同季节孩子容易患哪些病，从而给予相应的照顾，比如饮食调节、日常按摩等。父母最了解孩子，尤其是对于还不会说话的孩子，只要熟悉带孩子的一些常识，加之日常细心的照料，孩子的身体肯定是最棒的。

　　不仅如此，除了在身体方面照顾好孩子，还关注孩子智力发育、心理健康等方面的状况，这是父母的重要职责，在这一点上，不是仅仅找个保姆就能解决问题的。可见，真正的好父母胜过一个专业的医生。

第2章

必需营养素，宝宝智力发育不可少

宝宝大脑的快速发育阶段主要在婴幼儿期，特别是在3岁以前。宝宝的大脑如果在3岁以前获得了充足的营养素，那么智力的发展就会取得事半功倍的效果。3岁以后，宝宝的身高、体重仍不断增加，但大脑的发育却变缓慢了。由于宝宝的大脑发育具有不可逆转性，所以在婴幼儿期，家长要特别注意宝宝的营养素，特别是益智营养素，让宝宝的大脑在发育的黄金阶段得到充足的营养。

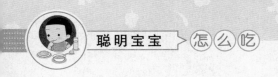

蛋白质——完善脑细胞，帮助宝宝大脑发育

　　蛋白质是构成机体各种细胞的主要原料，补偿新陈代谢消耗及修补组织损失的主要物质，具有调节各种生理活动、维持机体健康水平的作用。蛋白质在体内氧化产生热量，是人体的供热能源。每克蛋白质可产生3.89千卡热量，通常每人每天要消耗蛋白质占总热量的10%~15%。由此可见，蛋白质与人体生命活动息息相关。

　　蛋白质还有助于大脑发育，是构成脑细胞和脑细胞代谢的重要营养物质。蛋白质中富含的七种人体必需氨基酸可营养脑细胞，使人保持旺盛的记忆力，加强注意力和理解力。0-3岁是宝宝大脑发育的关键期，充足的蛋白质能量是提高脑细胞活力的重要保证。爸爸妈妈在宝宝大脑发育的关键时期，让宝宝摄取适宜的蛋白质，对宝宝的智力发育能起到事半功倍的效果。

【摄取建议】

　　正常情况下，每日蛋白质需要量为每千克体重1~1.5克，通常一个成人每天的摄入量最好为100~150克。1岁以内的宝宝每天每千克体重需1.5~3克蛋白质。1~3岁的宝宝每天摄入35~45克蛋白质为宜。

【警示信号】

蛋白质摄入过多或过少都会引起不良症状。蛋白质缺乏时，宝宝往往表现为生长发育迟缓，体重减轻、身材矮小、偏食、厌食，同时，对疾病抵抗力下降，容易感冒，破损的伤口不易愈合等。

蛋白质过剩时，宝宝体内的蛋白质难以消化吸收，增加胃、肠、肝、胰和肾的负担，进而造成胃肠功能紊乱和对肝、肾的损害，对身体不利。

【食物来源】

通常，婴幼儿时期，宝宝所需的蛋白质多在食物中摄取，除特殊情况外，一般不添加任何药剂类蛋白质。

通常，奶、蛋、鱼、瘦肉等动物性食物蛋白质含量高、质量好。此外，植物性食物也含有一定量的蛋白质。如面粉中含蛋白质约10%，每天吃500克面粉可获得50克蛋白质，过去吃的是黑面粉、糙米，其中的蛋白质质量略优于精白米和精白面粉；豆类食品中也富含优质蛋白；蔬菜中也富含蛋白质，500克绿叶蔬菜可获得约7克蛋白质，相当于1个鸡蛋的蛋白质含量。

 温馨提示

　　虽然能补充蛋白质的食物很多，但有些食物却会阻碍蛋白质的吸收，例如，宝宝们最爱吃的果冻，其主要成分有海藻酸钠、琼脂、食用明胶、香精、色素等。由于其成分内含有有毒物质，宝宝多食果冻，容易降低食欲，影响机体对蛋白质的吸收，还可导致味觉异常、异食癖等病症。0-3岁的宝宝正处于生长旺盛的阶段，应尽量吃一些天然的食物，少吃零食，这样才有助于吸收营养，促进生长发育。

脂肪——促进婴儿智力和身体发育

　　脂肪是供给机体能量的主要营养素，也是人体组织和细胞的重要成分。脂肪分布在身体的各个部位，尤其在细胞膜、神经组织中含量最高。脂肪的主要功能是供给热量及促进脂溶性维生素A、维生素D、维生素E的吸收，减少体内散失，保护脏器不受损伤。每克脂肪能提供热量9千卡，脂肪提供的热量占每日总热量的35%~50%。

　　婴幼儿时期是宝宝生长发育极快的时期，也是脑细胞分裂、增殖的关键时期，脂肪能为宝宝身体提供热量，还可为宝宝提供自身不能合成的必需脂肪酸，而且能帮助吸收、利用脂溶性维生素，对视网膜及脑细胞发育有重要作用。因此，脂肪对婴幼儿智力和身体的发育极为重要。

　　【摄取建议】

　　正常情况下，1岁以内的宝宝每天每千克体重需4克脂肪，1-3岁的宝宝每天每千克体重需要3克脂肪。

【警示信号】

0～3岁的宝宝正处于生长发育的关键阶段，为了能更好地掌握脂肪的摄入量，可通过警示信号来判断脂肪的缺乏与过剩。

脂肪缺乏时，会导致皮肤干燥、头发干枯、头皮屑多，甚至患上湿疹；宝宝身体瘦弱，面无光泽，精力不足，记忆力下降，视力较差；出汗较多，容易口渴；免疫力低下，容易感冒。脂肪严重缺乏时，体重不增加，身体消瘦，生长速度比同龄的宝宝缓慢。

脂肪过剩时，易引起消化不良，体重不正常地增加，容易患肥胖、动脉硬化、心脏病等疾病。

【食物来源】

富含脂肪的食物主要有全脂牛奶、奶油、奶酪、牛肉、羊肉、猪肉、大豆、花生仁、核桃仁、芝麻、蔬菜、大米、小米、葵花子油等。在这些食物中，核果类食物含脂肪量较高，如每100克核桃中，含脂肪58.8克，但核桃不宜食用过多；而谷类食物，如大米、小米的脂肪含量较低，如每100克大米中，含脂肪0.8克。

糖类——脑活动的能量来源

糖类是宝宝的直接能源，它所产生的能量可被身体直接利用。糖类经人体消化后，以葡萄糖等形式被吸收利用，而未被吸收的葡萄糖则会转化成脂肪，储存于体内，为宝宝身体正常运作提供能量，从而起到保持体温、促进新陈代谢、促使肢体运动和维持大脑神经系统正常功能的作用。

【摄取建议】

正常情况下，1岁以内的宝宝每天每千克体重需要12克糖

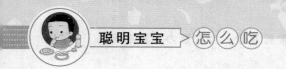
类，2岁以上的宝宝每天每千克体重约需要10克糖类，每克糖类能提供热量近4千卡，每天摄取的糖类所提供的热量应占总热量的50%~55%。

【警示信号】

糖类摄入过多或过少都会引起宝宝不适，糖类缺乏时，宝宝会显得全身无力、精神疲惫不振，有的宝宝会有便秘现象发生。严重缺乏时，则会出现体温下降、畏寒、身体发育迟滞或停止，体重明显下降。

糖类过量时，会影响蛋白质和脂肪的摄入，引起宝宝虚胖和免疫力减退，容易感染各种传染性疾病。

【食物来源】

糖类主要来源于谷类、奶类、坚果、蔬菜、水果，如大米、面粉、甘蔗、香蕉、葡萄、胡萝卜、番薯、燕麦等。其中，谷类食物中糖类含量较高，如每100克大米中，含77.9克糖类；每100克小米中，含75.1克糖类；每100克面粉中，含75.2克糖类。

 ## 水——生命活动不可缺少的营养素

水是人体不可缺少的营养素，人体的各种生命活动都离不开水。0-3岁的宝宝正处在迅速生长发育的时期，宝宝每日补充的食物营养都需要水才能发挥作用，水是宝宝赖以生存的营养来源。水能溶解各种营养物质，使脂肪和蛋白质等成为悬浮于水中的胶体状态，促进人体对其吸收，增强脑功能。而且，水在人体的血液和细胞间川流不息，能帮助机体将氧气和营养物质运送到脑部及身体各处，使身体健康、头脑聪明。此外，水对于排泄废物和控制婴幼儿正常体温来说是必需的。

【摄取建议】

由于婴幼儿身体机能不完善，因此对水的需求量较成年人偏多，按体重计算：1岁以内宝宝每天每千克体重需水110~160毫升，1-3岁每天每千克体重需水100~150毫升，4-6岁的宝宝每天每千克体重需水90~100毫升。

【警示信号】

宝宝缺水时，会表现为睡眠不安、不明原因的哭闹，如果是在炎热的夏季，还会出现体温升高的现象。

宝宝体内水过剩时，会出现腹胀、没有食欲、排尿较多等现象。通常不主张一次给宝宝喝较多的水，以免加重宝宝的肾脏负担，可根据宝宝具体情况逐量饮用。

【食物来源】

宝宝每天需要的水60%~70%来自饮食，其余主要靠饮水补充。水分较为丰富的食物有橘子、豆浆、苹果、梨、桃、葡萄、黄瓜、鸡蛋等。

1岁以内的宝宝尚不懂得主动喝水，妈妈不要等到宝宝渴急了才给宝宝喂水。提倡让宝宝定时定量饮水，有利于保持体内水平衡，维护机体功能与新陈代谢。此外，饮料不可代替水，饮料中也有水的成分，但其中添加剂和防腐剂含量较高，而且饮料中糖分较高，易影响宝宝食欲，对宝宝成长不利。因此，最好给宝宝饮用白开水。

钾——维持神经和肌肉的正常活动

钾可维持神经健康，协助肌肉正常收缩，还可帮助输送氧气到脑部，使人保持思路清晰，预防记忆力衰退、智力发育障碍、痴呆等症。

【摄取建议】

建议0-6个月的宝宝每天钾的摄取量为500毫克；6-12个月的宝宝每天钾的摄取量为700毫克；1-3岁的宝宝每天钾的摄取量为1000毫克。

【警示信号】

宝宝缺钾时会出现易怒、烦躁、呕吐、腹泻、低血压、低血糖、心跳不规律、体力减弱、反应迟钝等现象。长期缺钾的宝宝还会患低钾血症，肌肉软弱无力、麻木等。

因宝宝肾功能较弱，如一次给宝宝喂过量富含钾的食物，会加重宝宝的肾负担。

【食物来源】

新鲜的蔬菜水果、畜肉、禽肉、鱼类都是钾的良好来源。含钾量较丰富的食物主要有芹菜、西红柿、土豆、蘑菇、香蕉、樱桃、猪肉、牛肉、鸡肉、鲫鱼、鳕鱼、带鱼、红豆、黄豆、荞麦、栗子等。

 温馨提示

炎热的夏季，宝宝出汗多，钾会随汗水排出，这样宝宝就易缺钾，应适量给宝宝吃些富含钾的食物。

叶酸——促进宝宝智力发育的重要营养素

　　叶酸是人体细胞生长和繁衍所必需的物质。叶酸关系着胎儿大脑和神经的发育，对婴幼儿的神经细胞与脑细胞发育有促进作用。研究表明，在3岁以下的婴幼儿食品中添加叶酸，有助于促进其脑细胞生长，并有提高智力的作用。

　　叶酸可防止宝宝贫血，使皮肤健康，美化肤色；在身体虚弱时增加食欲；防治食物中毒和各种肠道寄生虫；此外，叶酸还是天然的镇痛药。

【摄取建议】

　　0～6个月的宝宝每天对叶酸的需求量为65微克；6～12个月的宝宝每天对叶酸的需求量为80微克；1～3岁的宝宝每天对叶酸的需求量为150微克。

【警示信号】

　　为了能更好地掌握叶酸的摄入量，可通过警示信号来判断。

　　宝宝缺乏叶酸，常会出现面色苍白、头发无光泽、身体无力、易怒、精神呆滞、健忘、舌头发红、血细胞比较低、肠胃功能紊乱、容易腹泻等。长期缺乏叶酸易患巨幼红细胞性贫血，导致身体发育不良，心智发育迟缓。

　　由于宝宝摄取叶酸多以食物的形式补充，而食物中的叶酸与药物叶酸性质不同，因此，很少会出现叶酸过量的症状。若给宝宝使用药物叶酸，应遵医嘱，阅读说明书，严格控制药量。

【食物来源】

　　叶酸多存在于蔬菜、水果、谷类、豆类、干果、动物性食

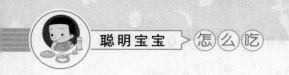

品中。

蔬菜中，绿叶蔬菜是叶酸很好的食物来源，如茼蒿、小白菜、西蓝花、油菜、菠菜等。其中，以茼蒿的叶酸含量最高，每100克茼蒿富含叶酸114.2微克。

水果中富含叶酸的有橘子、草莓、香蕉、柠檬、桃子、杨梅、酸枣、石榴、猕猴桃、梨、葡萄等。其中，以橘子的叶酸含量最高，每100克橘子含有叶酸52.3微克。

动物性食品中，动物皮肉含叶酸量较少，而动物内脏却含有大量叶酸，如猪肝、鸡肝、羊肝、猪肾，其中以鸡肝的含量最高，每100克鸡肝中含有叶酸1172.2微克。

此外，蛋类与豆类食品中的叶酸含量也较为丰富。但由于食物中的叶酸在烹调、储存、加工过程中损失较大，因此，应尽量避免将蔬菜长期储存或长时间烹调，否则将会影响宝宝对食物中叶酸的摄取。

DHA——宝宝脑部发育不可或缺的营养素

DHA又叫二十二碳六烯酸，是人体中重要的长链多不饱和脂肪酸，主要存在于视网膜及大脑皮质，是促进大脑功能及视力发育的重要物质。DHA对增强宝宝记忆力与思维能力、提高智力等作用尤其显著。刚出生的宝宝会从母乳或配方奶中获取DHA来促进脑和智力发育。但断奶以后，妈妈就需要给宝宝选择含有DHA的食品，比如鱼类、鸡蛋等。

【摄取建议】

联合国粮农组织和世界卫生组织建议：足月生产的宝宝每天

每千克体重需要摄入20毫克的DHA。

【警示信号】

宝宝缺乏DHA时，会出现皮肤粗糙、鳞屑病及视觉功能障碍。严重缺乏时会出现生长发育迟缓、智力障碍等异常情况。

【食物来源】

DHA主要存在于鱼类及少数贝类中，所以要想让宝宝获得足够的DHA，最简便有效的途径就是常给宝宝吃深海鱼，而鱼体内含量最多的则是眼窝部分，其次是鱼油。此外，核桃、杏仁、花生、松子等坚果，海带、紫菜等海藻类食物中也含有一定量的DHA。

温馨提示

再好的营养品也不能过量服用，服用过多的DHA会导致宝宝免疫力低下。奶粉中添加的DHA量是有科学依据的，不同月龄和年龄的宝宝需要的DHA也不同，妈妈不要随便给宝宝加服。

卵磷脂——脑细胞发育不可缺少的营养素

卵磷脂被誉为与蛋白质、维生素并列的"第三营养素"，是构成脑和脊髓神经的主要成分。卵磷脂进入人体后分解为胆碱，大脑中的胆碱含量越高，神经传递就越快，机体的思维也随着加快，记忆力也会更加牢固。卵磷脂不能自行合成，只能从食物中提取。

卵磷脂可以促进大脑神经的发育与脑容积的增长，增强人的记忆力。孕妇在孕期摄入的卵磷脂含量会影响到胎儿的大脑发育，卵磷脂缺乏将导致脑神经细胞受损，造成脑细胞代谢缓慢，免疫及再生能力降低。所以，婴幼儿都要适量补充卵磷脂。

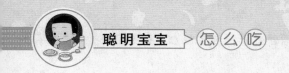
【摄取建议】

母乳喂养的宝宝4个月前不需要额外补充卵磷脂，可从母乳中摄取足量的卵磷脂，人工喂养的宝宝4个月前可从添加卵磷脂的婴儿配方奶粉中摄取足量的卵磷脂。4个月以后可从食物中摄取身体所需的卵磷脂。

【警示信号】

人体缺乏卵磷脂可导致脑神经细胞膜受损，造成脑细胞代谢缓慢，免疫及再生能力降低。婴幼儿期缺乏卵磷脂可影响宝宝的大脑及智力发育，使其学习能力下降；还可使大脑处于疲劳状态，出现心理紧张、反应迟钝、失眠多梦、记忆力下降等现象。

【食物来源】

含卵磷脂较多的食物是蛋黄、大豆和动物肝脏。此外，芝麻、鱼头、蘑菇、黑木耳、山药、葵花子、玉米油等也都含有一定量的卵磷脂。

牛磺酸——促进宝宝脑组织和智力发育

牛磺酸直接参与神经细胞大分子合成代谢，促进大脑神经细胞增殖、分化、成熟、存活；它还能通过机体对蛋白质的利用率，促进大脑细胞结构和功能的发育；牛磺酸是抗氧化物质，可清除氧自由基，保护神经细胞膜的完整；牛磺酸还能同其他神经营养素共同作用于神经细胞的代谢。此外，牛磺酸还能提高视觉功能，改善视功能。

【摄取建议】

母乳中含有充足的牛磺酸，母乳喂养的宝宝不需要额外补充牛磺酸，人工喂养的宝宝可从添加牛磺酸的婴儿配方奶粉中摄取足量的牛磺酸，一般也不需要额外补充。

【警示信号】

如果宝宝体内缺乏牛磺酸，会导致生长发育缓慢、智力发育迟缓，造成脑发育障碍。此外，还会发生视网膜功能紊乱。

【食物来源】

初乳中富含牛磺酸，所以妈妈一定要给宝宝喂自己的初乳。牛磺酸几乎存在于所有生物中，含量最丰富的是海产品，如虾、牡蛎、海螺、章鱼、沙丁鱼、青花鱼等。在鱼类中，鱼背发黑的部位牛磺酸含量较多，因此，多摄取此部位，可较多地获取牛磺酸。此外，牛磺酸易溶于水，进食鱼类食物时，不要把汤丢弃。

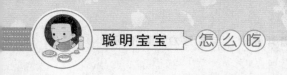

第二节 矿物质，聪明宝宝的身体调控员

钙——增强脑神经组织的传导能力

钙是人体内含量最多的矿物质，大部分存在于骨骼和牙齿之中。钙与磷相互作用，制造健康的骨骼和牙齿；与镁相互作用，可维持健康的心脏和血管。钙可强壮宝宝的骨骼，坚固牙齿，减轻生长疼痛，降低毛细血管和细胞膜的通透性。

【摄取建议】

正常情况下，0~6个月的宝宝每日需摄入钙300毫克，6~12个月的宝宝每日需摄入钙400毫克，1~3岁的宝宝每日需摄入钙600毫克，3~6岁的宝宝每日需摄入钙800毫克。随着年龄的增长，生长发育逐渐趋于稳定，钙的摄入量也会逐渐趋于稳定，一个正常成年人每日钙的摄入量基本维持在800~1200毫克。

【警示信号】

钙摄入过多或过少都会引起疾病，可通过警示信号来判断。

缺钙时，宝宝容易出汗，出现烦躁、食欲缺乏、夜睡不安、枕秃、骨骼变形、关节肿大，并伴有维生素D缺乏等病症。

钙过量时，会影响身体对铁、锌、镁、磷等营养素的吸收，严重时还会导致中毒症状，出现呼吸频率异常、烦躁不安、恶心呕吐、嗜睡、口唇发白或青紫，甚至发生昏迷，危及生命。

【食物来源】

在我们的日常食物中，30%的钙来自蔬菜，如胡萝卜、小白菜、油菜、金针菇，但蔬菜中的钙质不易被人体吸收，而且容易在烹调时流失，所以摄入量较少；20%的钙来自奶制品，如酸奶、鲜奶、奶酪等，奶制品宝宝爱吃，而且较易吸收，每100毫升牛奶中含有104毫克钙，所以每天应给宝宝补充足量的奶制品，以保证对钙的吸收。剩下的50%的钙来自海产品、豆类及种子类食物，如虾米、紫菜、海带、黄豆、黑豆、豆腐、芝麻等。其中，以海产品中的含钙量最高，如每100克虾皮中，含有991毫克的钙。

铁——智力发育所需要的营养素

铁是人体造血原料之一，参与血红蛋白的构成，同时也是血红蛋白和氧的运输载体。铁可预防缺铁性贫血，为脑细胞提供营养素和充足的氧气，影响神经传导，增强机体免疫力，是宝宝身体中不可缺少的造血元素。

【摄取建议】

一般来说，宝宝出生后体内储存由母体获得的铁质，可供宝宝生长发育3-4个月，因此0-6个月的宝宝每日需摄取铁较少，约0.3毫克；从6个月以后，宝宝体内的铁质会逐渐消耗殆尽，此时可增加剂量，6-12个月的宝宝每日需摄取10毫克的铁，1-3岁的宝宝每日需摄取12毫克的铁，以后摄取量会逐渐稳定。

【警示信号】

铁摄入过多或过少都会引起疾病，可通过警示信号来判断。

　　宝宝缺铁时，会导致缺铁性贫血，患儿出现疲乏无力，面色苍白，皮肤干燥、角化，毛发无光泽，指甲会出现条纹隆起，易骨折；长期贫血的宝宝还易出现"异食癖"，精神不稳定，易怒、易动、兴奋、烦躁，甚至出现智力障碍。

　　宝宝体内铁过量时，会使机体代谢失去平衡，影响小肠对锌、铜等其他微量元素的吸收，使机体免疫功能降低，易遭受病菌感染。严重时，可导致宝宝心肌受损、心力衰竭，甚至休克。

【食物来源】

　　在生活中，富含铁的食物有动物内脏（肝、心、肾）、蛋黄、瘦肉、虾、海带、紫菜、黑木耳、南瓜子、芝麻、黄豆、绿叶蔬菜等。其中，以紫菜、黑木耳中的含铁量较高，如每100克黑木耳中，含97.4微克铁。

锌——聪明宝宝的"智力之源"

　　锌是人体生长发育、生殖遗传、免疫、内分泌等重要生理过程中必不可少的物质。锌可加速宝宝的生长发育，维持大脑的正常发育，增强机体免疫力，对维生素A的代谢及宝宝的视力发育具有重要作用。

【摄取建议】

　　一般0-6个月的宝宝每日摄入锌为1.5毫克。由于母乳中所含的锌利用率较高，因此，母乳喂养的宝宝不易缺锌；而配方奶喂养宝宝大都易缺锌，所以，父母应在医生指导下给宝宝服用锌剂。

　　6-12个月的宝宝每日摄入锌为8毫克，1-3岁的宝宝每日摄入锌为9毫克。在非特殊情况下，一般不提倡盲目服用补锌剂，若给宝宝服用锌剂应在医生指导下，服用后要注意观察宝宝有无异常状况。

【警示信号】

宝宝摄入锌过多或过少都会引起疾病，宝宝缺锌时，食欲会变差，味觉功能减退，体质较弱，容易患呼吸道感染、口腔溃疡等多种疾病，并且不容易康复。严重时，还可能出现"异食癖"症状。

口腔溃疡

宝宝体内锌过量时，会抑制其对食物中铁的吸收和利用，引起缺铁性贫血。严重时，会出现中毒症状，多表现为呕吐、头痛、腹泻、抽搐、血脂代谢紊乱，需及时送医院抢救治疗。

【食物来源】

在生活中，含锌量较高的食物较多，主要有瘦肉、动物肝脏、蛋黄、蘑菇、豆类、坚果、海带、绿叶蔬菜、水果、粗粮等。其中，动物性食物中锌不仅含量高，而且吸收率也比植物性食物高。例如，每100克猪肝中含锌5.78毫克，其吸收率为30%~40%，而每100克黄花菜中含锌3.99毫克，其吸收率只有10%~20%。

 硒——有助智力发育，提高宝宝视力

硒是维持人体正常功能的重要微量元素，有助于智力的发育和提高。硒与脑中大多数的蛋白质有关，所以对宝宝神经系统的发育有不可忽视的影响。研究表明，硒元素与小儿智力发育关系密切，先天智力低下的患儿血浆中硒的浓度较正常值偏低。此外，硒还可保护、稳定体内细胞膜，有助于保护心血管和心肌健康，还可提高宝宝的视力，是宝宝健康成长的重要营养素。

【摄取建议】

一般0-6个月的宝宝每日需摄取15毫克的硒，6-12个月的宝宝每日需摄取20毫克的硒，1-3岁的宝宝每日需摄取20毫克的硒，3-6岁的宝宝每日需摄取25毫克的硒。

【警示信号】

一般来说，母乳中的硒含量基本可以满足宝宝的生长发育，而配方奶中硒的含量仅为母乳中的5%，所以配方奶粉喂养的宝宝容易缺硒。宝宝体内缺硒时会出现精神呆滞、营养不良、视力减弱的现象，还容易患假白化病，表现为牙床无血色，皮肤、头发无色素沉着。有的宝宝还会因缺硒患上贫血。宝宝体内硒过量时，宝宝体内的维生素B_{12}、铁和叶酸会发生代谢紊乱，出现脱发、指（趾）甲脱落、皮肤苍白等症状。严重时，可出现恶心、呕吐，并伴有乏力、疲劳、易怒以及神经炎症状，甚至诱发心血管疾病。

【食物来源】

在生活中，富含硒的食物有海虾、海蜇皮、鸭蛋黄、鹌鹑蛋、牛肉、茴香、芝麻、花生、黄花菜、红豆、大杏仁等。其中，以海虾、海蜇皮中硒含量较高，每100克海虾中，含硒约74.43毫克。

碘——聪明宝宝的"智力营养素"

碘是人体必需的微量元素，能合成甲状腺激素，促进甲状腺正常的生理功能。人体内80%的碘存在于甲状腺中，甲状腺素是人体正常生长、大脑智力发育及生理代谢的重要激素，能促进机体对蛋白质、脂肪、糖类的吸收和利用，调节水、电解质的代谢，对身体的生长发育、智力与骨骼的发育影响都很大。因此，在婴幼儿时期不可缺乏碘，否则稍有不慎就会对宝宝的未来产生极大的影响。

【摄取建议】

通常1岁以内的宝宝每日需摄入40微克的碘，1–3岁的宝宝每日需摄入50微克的碘，3–6岁的宝宝每日需摄入85微克的碘。

【警示信号】

碘摄入过多或过少都会引发疾病，宝宝缺碘时，可引起克汀病，表现为智力低下，听力、语言和运动障碍，身材矮小、上半身比例大，有黏液性水肿，皮肤粗糙干燥，面容呆笨，两眼间距宽，鼻梁塌陷，舌头经常伸出口外。4岁以后的幼儿缺碘则会引发甲状腺肿大。

宝宝体内碘过量时，可引起甲状腺激素分泌异常，对胃肠道有强烈的刺激和腐蚀作用，出现中毒症状，表现为头晕、口渴、恶心、呕吐、腹泻、发热等，甚至窒息。严重时，还可出现精神症状、昏迷，如不及时抢救，可引起大脑严重缺氧，损害中枢神经系统，从而影响宝宝的智力发育。

【食物来源】

人体所需碘并不多，基本可从饮水、碘盐和食物中获取。在

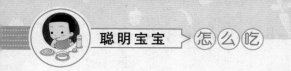

日常生活中，含碘较丰富的食物有海带、紫菜、海鱼、虾等。

镁——聪明宝宝增智益脑"双赢"

镁是人体生成代谢过程中必不可少的元素，是多种酶的激活剂，参与体内300多种酶促反应。镁是骨细胞结构和功能的必需微量元素，保持骨骼生长和维持。研究报道，每日膳食中适量补充镁，可以提高骨骼中矿物质含量，改善骨骼强度，减少发病概率。此外，镁对大脑的智力发育有很好的作用，能维护中枢神经系统功能，抑制神经、肌肉的兴奋性，保障心肌正常收缩。

【摄取建议】

0-6个月的宝宝每日需摄取30毫克的镁，6-12个月的宝宝每日需摄取70毫克的镁，1-3岁的宝宝每日需摄取100毫克的镁，4-6岁的宝宝每日需摄取120毫克的镁。

【警示信号】

镁摄入过多或过少都会引起宝宝不适症状，宝宝体内镁缺乏时会出现肌肉抽搐，如眼角、面肌或口角的抽搐，严重时，宝宝肤色发绀，四肢强直性抽搐，双目凝视，有阵发性屏气，或阵发性呼吸停止，还可能是一侧面肌及肌肉抽动或者交替发生，并伴有出汗、发热等症状。

宝宝体内镁过量时，会出现恶心、胃肠痉挛并伴有嗜睡、呼吸异常等症状，会引起运动肌障碍。严重时，可引起呼吸衰竭。

【食物来源】

生活中，富含镁的食物有绿色蔬菜、谷类、水果、海带、紫菜、豆类、坚果等。通常我们吃的大米、面粉中含镁量较少，所以要注意给宝宝吃一点粗粮，粗粮中以荞麦中镁含量最高，每100克荞麦中含镁258毫克。

 ## 磷——参与神经纤维的传导活动

磷是大脑活动必需的一种介质，它既是组成脑磷脂、卵磷脂的主要成分，又参与神经纤维的传导和细胞膜的生理活动，参与糖和脂肪的吸收和代谢。适当给宝宝吃些富含磷的食物，对其大脑的智力活动有益。

【摄取建议】

建议0~6个月的宝宝每天磷的摄取量为150毫克；6~12个月的宝宝每天磷的摄取量为300毫克；1~3岁的宝宝每天磷的摄取量为450毫克。

【警示信号】

宝宝体内轻微缺磷时会表现为食欲缺乏，长时间缺磷会引起骨骼、牙齿发育不正常，甚至患上软骨病等。

【食物来源】

磷在食物中广泛存在，肉、鱼、蛋、牛乳、干果、谷物、大多数的蔬菜、新鲜的水果中都含有磷，一般情况下，宝宝不易缺乏磷。

 温馨提示

磷与钙应按1∶2的量供给，磷摄入过多会影响钙质吸收。

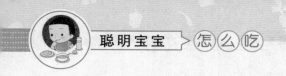
 ## 铜——宝宝智力发育必需的营养素

铜是宝宝智力发育必需的营养素之一，它在神经组织代谢方面的作用是参与髓鞘的形成。正常的铜供给才能保证脑中含铜酶的活性，脑细胞的功能才能正常发挥。给宝宝补铜最适宜的是食补，可多吃些含铜丰富的食物。

【摄取建议】

建议0-6个月的宝宝每天铜的摄取量为0.4毫克；6-12个月的宝宝每天铜的摄取量为0.6毫克；1-3岁的宝宝每天铜的摄取量为0.8毫克。

【警示信号】

宝宝铜缺乏会表现为肤色苍白、精神萎靡、视力减退、食欲缺乏、反应迟钝等，严重的会患上缺铜性贫血，骨骼会出现生长发育不良的情况，如骨质疏松、维生素D缺乏症等。

宝宝铜元素的摄入也不宜过量，否则会出现嗜睡、反应迟钝等症状。

【食物来源】

动物肝脏、口蘑、芝麻酱、核桃等含铜量丰富，此外，香菇、紫菜、蚕豆、豌豆、大豆及其制品、肉类、蛋、鱼等亦含铜丰富。

第三节 维生素，聪明宝宝的营养催化剂

维生素A——维护视力和促进大脑发育

维生素A可以促进脑细胞的发育，提高视网膜对光的感应能力，促进皮肤的健康，是维护视力和促进大脑发育必不可少的营养素。

维生素A还可预防夜盲症的发生，辅助治疗宝宝的眼部不适等疾患，并有助于改善小儿弱视，预防呼吸感染，促进生长发育，强壮骨骼，促进牙齿和骨骼正常生长，增强疾病的抵抗能力。

【摄取建议】

通常1岁以内吃母乳与配方奶宝宝不需要单独补充维生素A，但牛奶喂养的宝宝需额外补充维生素A每千克体重150~200微克，因为牛奶中维生素A含量只为母乳与配方奶中的50%。

3岁以内的宝宝每天维生素A需要量约为400微克，3~6岁的宝宝每天需要500微克。

【警示信号】

维生素A摄入过多或过少都会引起疾病，宝宝缺乏维生素A时，会造成夜晚视力减弱、肠道易感染、皮肤干燥粗糙、出现多种皮肤色斑。宝宝如果长期缺乏维生素A，还可导致发育迟缓、智力减退、牙齿和骨骼软化。

宝宝体内维生素A过量时，会引起中毒症状，出现哭闹、骨骼变形、易骨折、毛发脱落、食欲减退、体重减轻、腹泻等。

【食物来源】

富含维生素A的食物有动物肝脏、蛋类、乳类、绿色蔬菜、胡萝卜、番茄、红薯、玉米和橘子等。其中，动物性食物中维生素A可直接利用，而蔬菜、水果、谷类等食物的维生素A需通过转化形成。

B族维生素——维护智力和神经系统健康

B族维生素是水溶性物质，主要参与人体的消化吸收功能和神经传导功能。人体所需的B族维生素中，以维生素B_1、维生素B_2、维生素B_6、维生素B_{12}为主。

B族维生素可促进食欲，帮助消化吸收，满足每日所需维生素，促进机体正常发育，是机体内重要酶系统的辅酶，参加新陈代谢，是宝宝身体制造红血球和保持免疫系统正常的必需物质。

【摄取建议】

一般婴幼儿每天需要维生素B_1 0.2~0.6毫克，维生素B_2 0.4~0.6毫克，维生素B_6 0.1~0.5毫克，维生素B_{12} 0.1~0.5毫克。

B族维生素之间具有协同作用，因此，可一次摄取人体所需B族维生素。如果每日从食物中摄取较充足，一般不提倡额外补充，如特殊情况需额外补充B族维生素药物，需遵医嘱严格按剂量用药。

【警示信号】

维生素B_1缺乏时，易导致宝宝食欲缺乏，记忆力减退，易怒，易疲乏，心智灵敏度减退。严重时，还会出现呕吐、腹泻、生长速度慢、消瘦或体重下降、声音嘶哑等症状。

维生素B$_2$缺乏时，宝宝容易出现口臭、睡眠不佳、精神倦怠、皮肤"出油"、皮屑增多等症状，有时还会产生口腔黏膜溃疡、口角炎等疾患。

维生素B$_6$和维生素B$_{12}$缺乏时，宝宝可表现出皮肤感觉异常、毛发稀黄、精神不振、食欲下降、呕吐、腹泻、营养性贫血等症状。

B族维生素属水溶性维生素，当摄取过多时，多余部分不会在人体中贮藏，会完全排出体外，所以需每天补充。

【食物来源】

B族维生素主要来源于奶类、豆类、全麦、酵母、坚果、瘦肉、动物肝脏、蛋类及麸类等食物。其中：

维生素B$_1$可从豆类、糙米、牛奶、家禽中摄取。

维生素B$_2$可从花菜、菠菜、胡萝卜、苹果、牛奶、鸡蛋、玉米、豆制品等食物中摄取。

维生素B$_6$可从动物肝、鸡肉、瘦猪肉、蛋黄、鱼类、花生、大豆、土豆等食物中摄取。

维生素B$_{12}$可从蘑菇、蛋黄、瘦牛肉、牛肾、牛肝、猪心、青鱼、牡蛎等食物中摄取。

维生素C——提高宝宝的大脑灵敏度

维生素C是水溶性物质，是身体骨骼、软骨和结缔组织生成的要素，对于宝宝体内组织细胞、牙龈、血管、骨骼和牙齿的生长发育和修复至关重要，而且对宝宝铁的吸收也十分重要，但维生素C易被一氧化碳、水、烹饪、加热、光线破坏。

【摄取建议】

通常情况下，婴幼儿需要的维生素C大部分从食物中获取，而且随年龄增加，所需量会增加。一般0-6个月的宝宝每天需摄取30毫克，6-12个月的宝宝每天需摄取40毫克，1-3岁的宝宝每天需摄取50毫克，3-6岁的宝宝每天需摄取60毫克。

【警示信号】

缺乏维生素C时，宝宝的机体抵抗力减弱，易患疾病，表现在宝宝身上最常见的是经常性的感冒。此外，维生素C参与造血代谢，如果缺乏易导致宝宝出血倾向，如皮下出血、牙龈出血、鼻出血等，且伤口不易愈合。

【食物来源】

维生素C主要来源于鲜果和蔬菜，其中以水果中的维生素C含量高，如橙子、草莓、桃、山楂、荔枝、芒果、菠萝、苹果、葡萄等，蔬菜中以辣椒、花椰菜、蒜苗等维生素C含量较高。

维生素D——提高神经细胞的反应速度

维生素D与人体器官和组织的健康有很大关联，它能促进人体骨骼发育，防治佝偻病，提高神经细胞的反应速度，增强人的判断能力，还可促进钙的吸收，通过正确利用钙和磷来促进骨骼和牙齿的强壮。此外，维生素D还可增强宝宝的免疫力，减少疾病的发生率，通常维生素D充足的宝宝，抗流感能力较强，且较同龄宝宝发病少。

【摄取建议】

一般情况下，宝宝每日所需维生素D摄入量为10微克。母乳中维生素D含量较少，但吸收较好，若常在户外活动，一般不用补充维生素D制剂，户外活动少的宝宝可补充2.5万国际单位剂量的维生素D。人工喂养的宝宝因配方奶中含有维生素D，一般也不需要另外补充维生素D。

【警示信号】

维生素D摄入过多或过少都会引起疾病，可通过警示信号来判断。

维生素D缺乏症多见于3～6个月的婴儿。缺乏时，宝宝情绪不稳定、烦躁不安、易怒、多汗，睡眠中会发生惊跳、哭泣等现象，而且对事物反应减慢、表情淡漠、语言发育迟缓。严重时，头骨发软，用手指按压枕骨或顶骨中央会内陷，松手后即弹回；关节肿大，骨骼脆弱，出现鸡胸、肋骨外翻、O型或X型腿等症状。通常缺乏维生素D的宝宝出牙较晚，牙齿易松动，缺乏釉质，易患龋齿。

维生素D可以在体内蓄积，不可给宝宝过量补充，倘若小儿每日用量大于2万国际单位，连用几周，则会出现毒性反应。宝宝会食欲缺乏，并伴有恶心、呕吐、腹痛、腹泻、烦躁、失眠、幻觉、抑郁、多汗等症状。

【食物来源】

维生素D主要来源于奶制品、蛋黄、瘦肉、动物肝脏。其中，以鱼肝油中的维生素D含量最为丰富，每100克鳕鱼鱼肝油中，含有8500微克维生素D。每100克鸡肝中，含有67微克维生素D。在烹调富含维生素D的食物时，宜与含有维生素A、维生素C、胆碱、钙和磷的食物一同制作，可提高食物的营养及人体对维生素D的吸收率。

维生素E——维护宝宝发育中的神经系统

维生素E属于一种脂溶性维生素，具有天然抗氧化功能，能促进脑细胞增生与活力，可防止脑内产生过氧化脂质，并可预防脑疲劳，同时也可以有效防止脑细胞的老化。此外，维生素E还能维护机体的免疫功能，帮助免疫系统发育，对预防疾病起着重要作用。

【摄取建议】

正常情况下，1岁以内的宝宝每天需要维生素E的量为3毫克，1-3岁的宝宝每天需要量为4毫克。对于体重小于1.5千克的早产儿和脂肪吸收不良的宝宝，最好每日补充维生素E 5毫克。

【警示信号】

宝宝缺乏维生素E时，会出现皮肤粗糙干燥、缺少光泽、容易脱屑、生长发育迟缓等症状。

维生素E过量时，会导致中毒，表现为宝宝出现视物模糊、皮肤皲裂，诱发口角炎、呕吐、腹泻、胃肠功能紊乱等症状，继而宝宝的免疫力下降，易患病且伤口不易愈合。

【食物来源】

维生素E主要来源于坚果，如花生、核桃、葵花子、榛子、松子等。瘦肉、牛奶、蛋类，以及各种植物油，如玉米油、花生油、芝麻油等也含有丰富的维生素E。其中，植物油中的维生素E成分含量较高，如每100毫升豆油中含有维生素E 93.1毫克，每100毫升花生油中含有42.06毫克。

第3章

0-3个月：新生宝宝喂养同步指导

　　0-3个月宝宝最主要的食物就是乳汁，大部分营养都从乳汁中摄取，因此，无论是母乳喂养、人工喂养还是混合喂养，喂养的方式都要讲究方法，让宝宝更容易吮吸乳汁，尽可能地为宝宝增加营养。下面是前3个月宝宝体格发育的平均指标。

月　份	满1个月		满2个月		满3个月	
性　别	男宝宝	女宝宝	男宝宝	女宝宝	男宝宝	女宝宝
体重（千克）	5.1	4.73	6.72	5.75	7.17	6.56
身长（厘米）	56.8	55.6	60.5	59.1	63.3	62.0
头围（厘米）	38.0	37.2	39.7	38.8	41.2	40.2
胸围（厘米）	37.5	36.6	39.9	38.8	41.5	40.3

第一节 0-3个月，新生宝宝的喂养要点

金水银水，不如妈妈的奶水

民间常说：金水银水不如妈妈的奶水。的确，母乳是宝宝最好的食物，无论从营养素的含量还是营养结构来看，都非常符合宝宝身体所需，是宝宝出生6个月内最理想的食物。母乳具有其他代乳品不可比拟的优势，母乳喂养最大的益处是可以全面满足孩子生长的需要，主要表现在以下几方面。

母乳喂养

1. 蛋白质

母乳中酪蛋白和乳清蛋白的比例为4:6，而牛乳中为4:1。在遇到胃酸时，母乳所产生的凝块较小，容易被消化吸收。而牛乳由于含酪蛋白多，形成的凝块大，不容易被消化吸收。

2. 脂肪

母乳中脂肪颗粒小，还含有脂肪酶，故容易被消化吸收。它含不饱和脂肪酸(亚麻酸)多，为8％。亚麻酸是婴儿神经系统发

育所必需的。牛乳的脂肪颗粒大，而且缺乏脂肪酶，所以难以消化；它含不饱和脂肪酸(亚麻酸)少，仅为2%，所以人工喂养的婴幼儿体内脂肪含亚麻酸的量明显低于母乳喂养的婴幼儿。

3. 糖类

母乳中的糖类主要是乙型乳糖，占总量的90%以上，能抑制大肠埃希菌的生长。而牛奶含乳糖较少，且主要为甲型乳糖，能促进大肠埃希菌的生长，所以母乳喂养的小儿较少发生腹泻。

4. 维生素

母乳中所含维生素A、维生素C、维生素D、维生素E较牛乳多，在初乳中更为丰富。但母乳中含维生素K仅为牛乳的1/4，故单纯依靠母乳喂养的婴儿在满月后可能发生维生素K缺乏，引起出血，要注意补充维生素K。

5. 矿物质

母乳中矿物质的量虽低于牛乳，但婴儿对母乳的吸收率远高于牛乳。牛乳中矿物质浓度高于母乳，这也加重了肾脏的负担。

6. 牛磺酸

牛磺酸对促进婴儿神经系统和视网膜的发育有重要作用。母乳中牛磺酸含量每升达425毫克，是牛乳的10~30倍，对婴儿脑的发育具有特殊意义。

7. 酸碱度（pH）

牛乳经胃液消化后的酸碱度为5.3，新生儿对此难以适应；母乳为3.6，还可使胃酸更好地发挥杀菌作用。

8. 酶

母乳中含有较多的淀粉酶和脂肪酶，有利于淀粉和脂肪的消

化。牛乳含酶量少，经煮沸后，酶的活力更是丧失殆尽。

9. 免疫成分

母乳为婴儿提供了多种免疫因子，如分泌型IgA、乳铁蛋白、溶菌酶和多种免疫细胞，有效地增强了婴儿抵御致病微生物侵袭的能力，所以母乳喂养的孩子患传染病的概率比人工喂养要小得多。

 ## 母乳喂养要做到"三早"

成功母乳喂养需要"抢时间"，"三早"是成功母乳喂养的起点。"三早"是指宝宝出生后要早接触、早吸吮、早开奶，这是母乳喂养成功的保证。

早接触：分娩后30分钟以内，处理好脐带后将新生宝宝赤裸地放在妈妈胸前，让妈妈搂抱自己的宝宝，且接触时间不得少于30分钟。母婴肌肤的接触不仅使妈妈得到心理抚慰，宝宝也会得到抚慰，从而促进母婴情感上的紧密联系。

早吸吮：宝宝出生后30分钟以内就要对其哺乳。在分娩后1小时内，大多数新生儿对爱抚或哺乳都很感兴趣，及早吸吮母亲乳头可及早建立泌乳反射和排乳反射，并增加母亲体内泌乳素和催产素的含量，加快乳汁的分泌和排出，且出生后20~30分钟新生儿吸吮能力最强，应及早得到吸吮刺激，否则会影响以后的吸吮能力。

早开奶：早开奶宝宝可得到初乳，可以让宝宝尽早获得营养补充，避免新生宝宝低血糖症状的发生，还可促进母亲乳汁的早分泌。这时的初乳含有较多免疫物质IgA和具有杀菌作用的物质溶酶菌，初乳的蛋白质含量高，含有丰富的免疫活性物质，对婴儿防御感染及初级免疫系统的建立十分重要。最早的初乳含有脂肪，尽管量不多，但已足以起到帮助宝宝排出胎便、清洁肠道的作用。刚开始喂奶时，宝宝每次可能吃到5~10毫升母乳，妈妈乳房也不胀。此时最重要的是妈妈不必心焦，只要用正确的姿势让宝宝多吸吮，用不了几天乳汁就可以大量分泌了。

新生儿的各个器官、系统的发育均不够成熟，功能也不完善，生活规律尚未形成，因此必须格外耐心地哺喂。母乳喂养是一门需要学习的技能，它是在不断学习和实践中逐渐完善的。要成功地实现母乳喂养还少不了家人的支持。就长达1~2年的母乳喂养而言，"三早"仅仅是母乳喂养成功的起点。

 ## 初乳，宝宝完美的第一口奶

初乳指的是新妈妈在产后7天内分泌的乳汁，是宝宝"完美的第一口奶"。初乳多呈黄白色，且清淡。在最初的3天内，乳房中初乳的量是很少的，每次的量只有2~20毫升。初乳分泌量虽然少，但对正常婴儿来说是足够了。随着宝宝月龄的增大，母乳的分泌量会逐渐增加。初乳的量虽少，但浓度很高，且具有很高的营养价值，主要表现在以下几点。

1. 初乳中含有充足的、宝宝所必需的蛋白质，利于宝宝生长发育。

2. 初乳中含有丰富的免疫球蛋白，如IgA、IgM、IgE和IgG，特别是分泌型的IgA，对防止呼吸道和消化道的感染起着积极的作用，可提高宝宝肠道的抵抗力，减少宝宝患感染性疾病的概率。

3. 初乳中含有大量的中性粒细胞、巨噬细胞和单核细胞，可

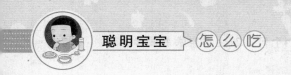
增强宝宝机体的免疫功能，初乳中所含有的溶菌酶可阻止细菌和病毒的侵入，减少宝宝患病的概率。

4. 初乳中含有的生长因子，可以促进宝宝肠道功能和结构的发育。其中，上皮生长因子不仅能促进机体上皮细胞的增生和分化，刺激胃肠道的发育，还可促进机体结缔组织的生长，促使宝宝脏器以及其他组织上皮细胞迅速发育，并参与调节胃液的酸碱度(pH)等。

5. 初乳中含有大量的微量元素，其中锌的含量最高，有助于促进宝宝的生长发育。

6. 初乳具有轻泻的功效，可以帮助宝宝排出胎便，并可预防或减轻宝宝出现黄疸。

总之，初乳具有高度营养和免疫的双重作用，妈妈一定要珍惜自己的初乳，尽可能不要错过给宝宝喂养初乳的机会。

按需补喂，母乳喂养的保证

婴儿自出生后就要多吸吮母乳，以达到促进乳汁分泌的目的。每当婴儿因饥饿啼哭时，或者母亲感到乳房胀满时，就应该对婴儿进行哺乳，哺乳间隔是由婴儿和母亲的需要决定的，这就叫按需喂养。

母乳喂养过程中不要严格地限制喂奶的间隔时间，尤其在孩子出生后的1个月内。新生儿每次吃到的奶量不尽相同，因此有时孩子吃奶后1小时就饿了，而有时孩子间隔达3小时都似乎还不那么想吃。这些情况都是很自然的，而且每个新生儿都是独一无二的，食量也不尽相同，所以按需哺乳为宜。

通常这种哺乳方式要坚持至新生儿满月后，然后经过有规律的按时哺喂，使之逐渐适应形成习惯，就可以停止了。在新生儿吃奶还没有什么规律之前，一定要按需喂养，以保证营养需要。

做到按需喂养并不是难事，但如何知道宝宝每次吃多少奶却成了一个难题。据国内外许多儿科专家研究发现，婴儿对母乳需求的量并不好掌握，也没有一个具体的量化标准。专家指出，在食量上，只有由母亲自己掌握喂养的次数和量，这是最科学的喂养方法。

通常妈妈对宝宝的了解是最为深刻的，所以在按需哺乳时，应注意以下几点。

1. 初生几天内，母乳分泌量较少，不宜刻板固定时间喂奶，可根据需要调节喂奶次数。这一方面可以满足宝宝的生理需要，另一方面通过宝宝吸吮的刺激，也有助于妈妈泌乳素的分泌，继而乳汁量也会增加，妈妈乳汁量增加了宝宝吃奶间隔就可以相应延长。

2. 新生儿的胃容量虽小，但消化乳类能力很强，而且吃奶时间不规律，所以即使吃完奶没多久，宝宝也会因饥饿而啼哭。

3. 在宝宝啼哭时，不要总认为一定是饿了。小儿不能用语言表达需求，怎样才能知道小儿饿了呢？一般来讲，如果母乳充足，喂养方法正确，宝宝吃饱后就会安静入睡。如果哭闹，应先查明原因，不要盲目喂奶。小儿不只是饿才哭，哭是小儿表达不适的方式，是本能的情绪反应，当小儿感到不适、饥饿、口渴、尿布湿了、太冷太热、疼痛、生病等都会哭闹，不能一哭就喂奶。小儿若是饥饿性哭闹，妈妈用手触摸小儿面颊或口唇时有觅食反应，吃饱后安静入睡。如喂奶后仍然反复哭闹不安，或有其他异常表现，应想到宝宝是否生病，必要时应去正规医院儿科就诊。所以，妈妈要根据实际情况给宝宝喂奶。

4. 当发现宝宝不到半小时就开始要奶吃时，妈妈应注意是不是没有吃够量，分泌的乳汁是否充足，如果是宝宝一次没吃饱，妈妈应

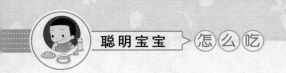
注意喂养的姿势，以便宝宝能吸吮到足够奶量。如果乳汁分泌不足，可先让宝宝吸空一侧奶，再吸另一侧奶，或添加配方奶，补充宝宝不足的部分。

总之，在0～3个月，尤其是第1个月，妈妈要注意让宝宝多吸吮乳房，并且注意观察宝宝的一举一动，这样不但能使宝宝逐渐习惯哺喂的方式，妈妈也会很快学习到按需哺乳的方法，了解到宝宝的习惯和喜好。

 母乳喂养新生儿，宜把握"四要"

母乳喂养也需讲究方法，否则会养成宝宝不好的习惯，也会给妈妈的乳房带来隐患，新妈妈们要着重做到以下几点。

1. 要用手托住乳房喂奶

喂奶时，妈妈的一只手需要托住乳房，以帮助宝宝含住乳头。如果乳房不太大，可以采用4根手指放在乳房下方贴着胸壁，仅用示指托住乳房底部的姿势；如果妈妈的乳房较大，可用4根手指托住乳房姿势，拇指在上轻压乳房，帮助宝宝含住乳头。

温馨提示

托乳房时，注意手指不要呈"剪刀式"向胸壁方向压迫乳房，这样可能挤压输乳管造成乳汁流出不畅，而且托乳房的手指也不要太靠近乳头，以免妨碍宝宝的吸吮。

2. 要两侧乳房轮流喂奶

喂奶时，两侧乳房要轮流喂，如果这一次先喂的是左侧乳房，那么下次就应该先喂右侧乳房，以便使每一侧乳房都有机会被完全吸空，保证每侧乳房都能不断产生乳汁。特别注意的是，即使两边乳房奶量不一样多，也要坚持这样哺乳，避免因长期不哺乳，导致一侧乳房有乳汁，另一侧乳房不再分泌乳汁。

温馨提示

对于两侧奶量不均的妈妈，可先将一侧充溢乳房乳汁挤出，让宝宝吃另一侧乳房，等宝宝吸吮不出奶后，再将挤出的乳汁喂给宝宝，这样既能让宝宝吃饱，也可慢慢缓解这一症状。

3. 要让宝宝含好乳头

很多妈妈在给宝宝喂奶时，常会感到钻心般的疼痛，这是因为宝宝没有正确地含住乳头，吸吮过程中挤压皮肉所致。因此，在哺乳时，妈妈一定要注意方法。

喂奶时，可让宝宝的下颏触到乳房，使其张大口，并让其下唇向外翻，使宝宝的嘴含入大部分乳晕（乳头周围深色皮肤区），上方露出的乳晕部分要比下方多。这样的含接方法能拉长乳头，使之更容易被宝宝的舌头裹住。同时，被包裹住的贮存乳汁的乳房会在宝宝牙床和舌头的挤压下流出乳汁，使宝宝能顺利地吃到奶水。

温馨提示

当妈妈乳房过度胀满时，奶水流出会较多，而且乳头较硬，易导致宝宝呛奶或含不住乳头。此时，妈妈可以先将乳房中的乳汁挤掉一些，使乳晕区变得柔软有伸缩性，便于宝宝吸吮。若奶水下得较多，妈妈可用示指和中指将乳晕夹住，使奶水缓慢流出，便于吸吮。

4. 要注意宝宝吃奶的姿势

宝宝在吃奶时，头和身体要呈一条直线，颈部不要扭曲，宝宝的身体要贴紧妈妈，同时下颏贴着乳房。宝宝面向乳头时，鼻子要

对着乳头，有利于宝宝主动寻找。常见的哺乳姿势有两种：侧卧与坐位。

侧卧哺乳：先将宝宝放在床的一侧，妈妈侧卧方的手臂放在枕下做支撑，然后面向宝宝侧卧，用手扶住宝宝的颈背部，支持并保持宝宝的身体面向妈妈，以乳头触及宝宝嘴唇，让宝宝主动靠过来吸吮。

坐位哺乳：妈妈喂奶前要先洗净双手，然后坐好，将宝宝放在自己的腿上，倾斜抱在怀里，一手托乳房，使乳头触碰宝宝的上嘴唇，将乳头送入宝宝口中，用很亲切的目光，自然地看着宝宝，示意让宝宝安心地吃。

一般来说，宝宝3个月前不宜采用侧卧哺乳的方式，以免妈妈睡着了，乳房堵住了宝宝的鼻子，造成窒息。

温馨提示

无论采用何种姿势哺乳，妈妈都要轻松自然，让宝宝感受到安全舒服，这样宝宝才会乖乖地在妈妈怀里吃奶。喂完奶后，要竖抱起宝宝，让其趴在妈妈的肩上，用手轻拍宝宝背部，让宝宝把吃奶时吸进的空气通过打嗝排出，防止宝宝溢奶。

情感交流，哺乳时妈妈要"一心二用"

宝宝出生了，作为家庭的新成员，尽管宝宝暂时不会说话，可家长们千万不要以为宝宝什么都不懂，爸爸妈妈要想将自己的宝宝培养成聪明可爱的孩子，就不能忽视与初生宝宝的交流，家长们可以通过对视、倾听、说话、拥抱等方法与宝宝交流。这样做，不但能满足宝宝感情交流的需要，而且对宝宝日后的语言交流和人际交往能力的发展也有着非同寻常的作用。妈妈在给宝宝哺乳时应注意以下几点。

1. 视觉交流

视觉交流是让宝宝感知母爱的重要途径，当妈妈抱起宝宝注视时，宝宝看到妈妈亲切的面孔，眼睛里就不再黯淡无光、昏昏欲睡了，他也会注视妈妈的脸，这时，妈妈可以用温柔的语言和宝宝在注视中亲切地交流，你可以和宝宝这样说话：宝宝看到妈妈了吗？在与宝宝注视时，可以边说话边摇动宝宝，和宝宝的距离最好在20~30厘米。这样可以锻炼宝宝的敏感性，通过经常的训练还有助于宝宝的智力开发和感觉能力发展。

2. 语言交流

家长们尽量给宝宝营造一个亲情氛围浓厚、丰富多彩的语言环境，尽管宝宝还不能说话，但他们能从语言中感知亲人对他们的情感。妈妈在哺乳的时候，给宝宝哼唱儿歌，轻声细语地与宝宝交谈，宝宝可以感受到母爱，产生愉快的情绪，增进相互间的感情。

3. 安抚宝宝

哺乳时轻轻安抚宝宝，是必不可少的环节。对宝宝安抚的过程，能使宝宝感受到妈妈的怀抱是最安全的场所，这体现出宝宝对妈妈的依恋情感，也形成了宝宝的早期记忆。母乳喂养的婴儿，只要妈妈每次都用固定的姿势抱住他，宝宝就会主动寻找乳头。爸爸妈妈轻轻抚摸宝宝的小手，传递爱意的同时，还能让宝宝感受到皮肤的触觉，还有利于宝宝锻炼抓握反射，提高灵敏度。

总之，通过母婴的互相对视，体温的互相传导，双方的内分泌系统、激素分泌活跃，消化代谢也会增强，对促进宝宝智力发育有不可替代的作用。

夜间哺乳，新妈妈的宜与忌

宝宝刚出生不久，由于生长发育快，夜里最少要吃一次奶。妈妈夜间泌乳素的产生是白天的50倍，夜间哺乳既能满足宝宝的需要，也有利于增加乳汁，帮助母婴康复，同时也有利于增进母子感情。

由于产后妈妈身体极度疲劳，加上夜间还要给宝宝哺乳、照料宝宝，往往会导致睡眠严重不足，所以夜间哺乳一定要采用坐位哺乳。因宝宝的需要是最重要的，所以要坚持夜间哺乳。妈妈平时要多注意休息，可能的话，可与宝宝的白天作息同步。

随着宝宝一天天长大，妈妈也可以试着加大晚上哺喂宝宝的时间间隔，慢慢调整夜间哺乳的习惯。可在睡前或晚上喂宝宝时让宝宝适当吃得饱一些，一开始宝宝还有惯性，按时醒来吃奶，但坚持延长间隔时间，晚上母乳喂哺的次数就会逐渐减少。

母乳喂养如何安排哺乳时间

正常婴儿哺乳时间是每侧乳房10分钟，两侧20分钟已足够了。

如果哺乳时间过长，就会产生以下不利影响。

1. 从一次喂奶的成分来看，先吸出的母乳中蛋白质含量高，脂肪含量低，以后蛋白质含量逐渐降低，脂肪含量逐渐增高，容易引起婴儿腹泻。

2. 喂奶时间过长，新生儿会吸入较多的空气，容易引起呕吐、溢奶、腹胀等不适。

3. 新生儿含乳头时间过长，妈妈的乳头皮肤容易因浸渍而糜烂，而且也会养成宝宝日后吸吮乳头的坏习惯。

从一侧乳房喂奶10分钟来看，最初2分钟内新生儿可吃到总奶量的50%，最初4分钟内可吃到总奶量的80%~90%，以后的6分钟几乎吃不到多少奶。虽然一侧乳房喂奶时间只需4分钟就够了，但后面的6分钟也是必需的。通过吸吮刺激催乳素释放，可增加下一次的乳汁分泌量，而且可增加母婴之间的感情。从心理学的角度来看，它还能满足新生儿在口欲期口唇吸吮的需求。

如果遇到新生儿边吃边睡或含奶头而不吸乳时，可用手指轻揉几下小儿的耳垂，轻拉新生儿的小手指或小脚趾，试试取出乳头等方法，以刺激新生儿加快吃奶速度。

判断乳汁充足与否的标准

新妈妈由于没有经验，常常不知道宝宝是否吃饱，一般来说，判断宝宝是否吃饱可从下面几个标准来判断。

1. 从妈妈乳房胀满的情况以及宝宝下咽的声音来判断

妈妈喂奶前乳房有胀满感，局部表皮静脉清晰可见，喂奶时有下奶的感觉，喂奶后乳房变软说明奶量充足。宝宝开始吸奶时急速有力，平均吸吮2~3次可以听到咽下一大口，如此连续约15分钟就说

明宝宝吃饱了，一般吃饱后宝宝会自动松开乳头。如果宝宝光吸不咽或咽得少，说明奶量不足。

2. 从宝宝吃奶后的表现来判断

宝宝吃饱奶后会笑或不哭了，或一会儿就安静入睡了，说明宝宝吃饱了。如果宝宝吃奶后还哭，或者咬着妈妈奶头不放，或睡着不到2小时就又醒了，这都说明妈妈奶量不足。

3. 从宝宝大小便次数来判断

吃母乳的宝宝一般每天尿10次左右，大便5次左右，且大便呈金黄色稠便，则说明宝宝吃奶量充足；如果宝宝吃奶量不够，则尿量不多，大便也少，且呈绿稀便。

4. 从体重的增减来判断

足月的宝宝第1个月每天体重增长约25克，1个月下来体重共增加约750克，第2个月体重增加约600克。6个月以内宝宝平均每月增长600克以上，说明母乳充足。如果宝宝体重减轻了，就有可能是喂养不当或宝宝有病了。妈妈奶水不足导致营养不足是宝宝体重减轻的重要原因。

 ## 母乳喂养的妈妈要补铁

母乳喂养是婴儿喂养的最佳方式，母乳营养合理，易于消化吸收，是婴儿的最佳食品。但母乳中铁含量偏低。

孕妇在怀孕9个月时就应该重点补铁、补血，为胎儿出生储备足够的铁。一般情况下，婴儿在出生时可从母体获得足够消耗3~4个月的贮铁量，所以，在出生后的3~4个月内给予纯母乳喂养，尽管母乳含铁量偏低，但因婴儿自身有铁供应，不会引起婴儿早期缺铁问题，极少发生缺铁性贫血。若在此之后仍未注意给婴儿补铁，那么，就会引发婴儿缺铁及缺铁性贫血。所以，正常婴儿从4个月起就要适当增加含铁食物的补充。

妈妈在分娩过程中会大量损耗血液和元气，常导致气血两虚，这是产后奶量不足的主要原因，所以，产后补铁补血很重要。如果妈妈自身含铁量都不够，那么奶水里就没有铁，光吃母乳的宝宝便会加速自身储备铁的消耗，以适应生长发育的需求。所以，产后妈妈气血双补势在必行。

产后妈妈补铁补血可常吃富含铁的食物，富含铁的食物主要有：鸡蛋黄、动物血液、动物肝和瘦肉、大枣、黄豆及其制品、芝麻酱、绿色蔬菜、木耳、蘑菇等。必要时，妈妈要服铁剂，增加母乳含铁量，以防宝宝缺铁性贫血。

 ## 人工喂养要选配方奶粉

配方奶粉是专为宝宝生产的替代母乳的婴幼儿奶粉，是按照人乳成分组成，利用现代技术，将牛乳进行彻底改造，以便更适合宝宝的生理特点与营养需求。如加入脱盐乳清粉以增加其中乳清蛋白的含量，使乳清蛋白与酪蛋白的含量及比例接近母乳。采用不饱和脂肪酸和必需脂肪酸含量高的优质植物油

替代牛乳中的奶油，使之符合宝宝生理需求。添加乳糖，提高乳糖含量，使之接近于母乳。通过这样的改造，使配方奶粉中蛋白质、

脂肪与糖类提供的能量比例适宜，符合宝宝生理需要。同时，还脱去牛乳中过高的钙、磷和钠盐，使钙与磷、钠与钾比例适宜，更重要的是降低了牛乳中的矿物质含量，使之接近母乳，适合于肾功能尚不健全宝宝的生理特点。此外，还增加了母乳和牛乳中含量均不足的一些营养成分，如铁、锌、碘、维生素D及维生素A等营养素。这样，使吃配方奶粉的宝宝避免发生缺铁性贫血、维生素D缺乏症和缺锌症等多种营养缺乏病。

因此，对于人工喂养或混合喂养的宝宝，未经改造的动物乳品是不宜选择的，应首选配方奶粉来喂养。

 ## 人工喂养注意事项

1. 0~3个月宝宝所用奶瓶以大口直立式玻璃制品为宜，便于洗刷消毒，通常准备几个，每日煮沸消毒1次，每次喂哺用1个；塑料奶瓶最大的优点就是轻巧不易碎，适合大宝宝使用；奶嘴材质以触感柔软、弹性佳为宜，且一定要通过国家安全标准；奶嘴也可多购置几个，3个月更换一次；瓶和奶嘴的取用应注意清洁卫生，以免食具污染病菌，引起腹泻、呕吐等，危害宝宝健康。

2. 每次喂哺时间约20分钟，不宜超过30分钟，一般每次间隔在3小时以上。不可强迫宝宝将瓶内牛奶喝完，剩余的奶汁应立即倒掉，洗净奶瓶，避免细菌生长。

3. 人工喂养的宝宝应逐步建立定时、定量喂奶的规律。一般来说，宝宝出生后的1周内，每天应喂奶7次，每次30~60毫升；8~14天应喂奶7次，每次60~90毫升；15~28天应喂奶6次，每次90~120毫升。4个月以内的宝宝，每天的奶量不宜超过1000毫升。

4. 两次喂养之间应再喂适量温开水，因为配方奶中蛋白质和矿物质含量较高，如不多喂水，可能导致宝宝大便偏干，同时喂水也有利于宝宝对高脂蛋白的消化吸收；宝宝感冒、发热、呕吐、腹泻脱水时要频繁饮水，夏天气温高也要适当增加喂水量。夜间最好不要喂水，以免影响宝宝的睡眠。另外，由于存在个体差异，不要勉强让喝水少的宝宝喝过多的水，也不要用饮料来代替白开水。

5.喂养的姿势，与母乳喂养的姿势基本相同。宝宝可斜坐在妈妈怀中，妈妈扶好奶瓶，慢慢喂哺。从开始到结束，都要使奶液充满奶头和瓶颈，避免空气进入。喂完奶，可以将宝宝抱起来，轻拍背部，使其打嗝，避免溢奶。妈妈亲自喂哺可增加妈妈与宝宝的接触与沟通，有利于宝宝的心理发展。人工喂养千万不要图省事而将宝宝平放于床上喂养。

6.奶粉调配注意比例适中，妈妈可根据配方奶上的说明，用量匙严格按照比例冲调。奶过稀会使蛋白质含量下降，长此以往宝宝就会营养不良，长期食用稀奶，宝宝还可能会发生水中毒；过稠的奶含有较多的矿物质，特别是钠盐，新生儿肾功能弱，钠排不出去会引起脑细胞水肿，即盐中毒，同水中毒的后果一样，也会引起惊厥（抽风）。

7.需要注意喂配方奶可能发生过敏反应。刚开始喂配方奶时，应先喂少量，观察宝宝有无过敏症状，包括呕吐、腹痛、烦躁不安，有无湿疹、荨麻疹等。如果宝宝对一种配方奶过敏，通常喂了配方奶3小时左右便会出现症状。这种情况下，应立即停用这种配方奶，改用其他配方奶或不含牛奶的代乳品；重症者要及时去医院就诊。

8.人工喂养婴幼儿与母乳喂养婴幼儿一样，要及时合理添加辅食，以满足宝宝的营养需要。

第二节 0-3个月，新妈妈乳汁不足怎么办

 解决母乳不足的办法

临床研究表明，真正母乳不足者不到2%，其中绝大多数是由于妈妈对母乳喂养信心不足、喂养方法不当、营养不均衡、心情不愉快所致。解决母乳不足的办法有以下几种。

1. 注意饮食平衡

对营养不良的妈妈来说，增加妈妈的营养是最重要的物质基础。除了一日三餐正常进食外，还需要多吃富含蛋白质、糖类、维生素和矿物质的食物，如牛奶、鸡蛋、鱼、肉、蔬菜、水果。哺乳妈妈如果营养不良，就会出现精神紧张、身体疲劳，最终影响母乳的正常供给和母乳的质量。新妈妈尽量少吃或不吃刺激性的食物，也不能吃得过分油腻，因为母乳中脂肪过多也不利于宝宝消化吸收。

2. 多补充水分

妈妈体内要有充足的水分来制造奶水，所以每天要喝6~8杯开水，以没有口渴感为度。白开水、果汁都是不错的选择，也可以多喝汤水，如莴苣子粥、花生粥、酒酿蛋、火腿鲫鱼汤、黄豆猪蹄汤等。新妈妈不能喝含有酒精、咖啡因的饮料，不宜喝浓茶，但在喂奶前10~15分钟喝一杯酸奶或一杯蔷薇花茶，奶水就会增多。

3. 做乳房按摩

乳房按摩是一种非常有效的催奶方法。按摩乳房能刺激乳房分泌乳汁，妈妈可用干净的毛巾蘸些温开水，由乳头中心往乳晕方向成环形擦拭，两侧轮流热敷，各15分钟。妈妈还可以自己学习乳房按摩法，可使乳管保持通畅，并促进乳汁分泌。

指压按摩：双手张开置于乳房两侧，由乳房向乳头挤压。

环形按摩：双手置于乳房的上下方，以环形方向按摩整个乳房。

螺旋按摩：一手托住乳房，另一手示指和中指以螺旋形向乳头方向按摩。

4. 增加哺乳次数

增加哺乳次数，是增加乳量最重要的措施。妈妈的乳汁越少，越要增加宝宝吸吮的次数。宝宝的吸吮力量较大，间接也可帮助妈妈按摩乳晕。喂奶时，要注意适当延长每侧乳房的吸吮时间，因为婴儿对乳头的吸吮可通过神经反射刺激妈妈脑垂体分泌大量的催乳素，使乳汁分泌量增加。宝宝吸吮越多，妈妈乳汁分泌就越多。还要做到两个乳房轮换喂奶，哺乳妈妈要专心喂奶和休息，每次交换乳房喂奶2~3次。

5. 寻求家属支持

家属尤其是丈夫需要帮助新妈妈树立母乳喂养成功的信心和母乳喂养的热情，使新妈妈感到能用自己的乳汁喂养孩子是最伟大的工作，应感到自豪和快乐。少数新妈妈感到喂奶太麻烦、太累，心里不情愿则乳汁会减少。同时要消除新妈妈焦虑的情绪，多休息，生活有规律，保持愉快的心情。身心压力得到缓解就能很快使母乳的分泌量增多。

6. 适当吃催乳药

如果新妈妈乳量确实少，可在医生的指导下用些中药催奶，如王不留行、通草、当归等。一般情况下，催乳药对促进妈妈分泌乳汁非常有效。

 新妈妈的特效催乳食谱

母乳是宝宝来到人世间的第一饮食，妈妈的乳汁丰足与否，直接关系到宝宝的健康。但由于产后的饮食、情绪、工作或睡眠失调造成肝气郁结、气血虚弱，新妈妈可能会出现缺乳现象。那么，不妨试试以下的催乳食疗调理方案。

 猪蹄黄豆汤

【原料】猪蹄1只，黄豆60克，黄花菜30克。

【做法】将猪蹄洗净剁成碎块，与黄豆、黄花菜共同煮烂，入油、盐等调味，分数次吃完。2~3日1剂，连服3剂。

【功效】补养气血，通汁下乳。适用于产后乳汁稀少，乳房柔软者。

🍂 黄花通草猪肝汤

【原料】黄花菜、花生仁各30克，通草6克，猪肝200克。

通草

【做法】将黄花菜、通草加水煮汤，去渣取汁，入花生仁、猪肝煲汤，以花生仁熟烂为度。每日1剂，连服3日。

【功效】补气养血，通乳。适用于产后乳汁量少，乳房柔软，食欲缺乏者。

🍂 归芪鲤鱼汤

【原料】大鲤鱼1尾，当归15克，黄芪50克。

【做法】将鲤鱼洗净去内脏和鱼鳞，与当归、黄芪同煮。

【功效】补气养血，通乳。

鲤鱼性平，味甘，下气通乳；当归性温，味甘、辛、苦，有补血、活血之功；黄芪味甘，性温，具有补气助阳之功。适用于气血虚乳汁不足者。

🍂 芪肝汤

【原料】猪肝500克，黄芪60克。

【做法】猪肝洗净，加黄芪放适量水，同煮汤，连汤食。

【功效】补肝益气，通乳。黄芪益气；猪肝补肝养血，治气血不足的缺乳。

🍂 猪蹄豆腐汤

【原料】猪蹄1只，豆腐60克，黄酒30毫升，葱白2根，食盐适量。

【做法】将猪蹄洗净切成小块，与葱白、豆腐同放砂锅内，加水适量，用文火煮半小时，再倒入黄酒，加入少量食盐即可食用。食豆腐，饮汤。

【功效】疏肝解郁，通乳。适用于肝郁气滞型产后缺乳者。

柴郁粥

【原料】柴胡、郁金、莲子（去心）各10克，粳米100克，白糖适量。

【做法】莲子、粳米淘洗干净备用；将柴胡、郁金放入砂锅中，加适量清水煎煮30分钟，去渣，加入莲子、粳米煮粥；粥熟时，加白糖调味即可。

【功效】活血活气，解郁通乳。柴胡味苦，性寒，有退热、泻肝火的作用；郁金有行气解郁的作用。

如何进行混合喂养

混合喂养虽然不如母乳喂养好，但比单纯喂配方奶或其他代乳品的人工喂养要好。混合喂养在一定程度上能保证妈妈的乳房按时接受宝宝吸吮的刺激，从而维持乳汁的正常分泌。宝宝每天能吃到3次左右母乳，对宝宝的身心健康也有很多好处。现在提倡的混合喂养仍是以母乳喂养为主的一种喂养，这就需要新妈妈充分利用母乳，发挥母乳的优势，让混合喂养更成功。一般混合喂养的方法有两种，各自具有一定的优劣和适宜性，妈妈可根据实际情况选择其中的一种。

1. 补授法

补授法适用于能对宝宝进行全天喂养的妈妈及4个月以内的婴儿。每次先喂哺母乳，让宝宝先将一侧乳房吸空，再吸另一侧乳房，然后再喂配方奶。母乳喂养的时间大致控制在10分钟以内，之后立即补充其他奶。由于宝宝的频繁吸吮，而且每次都将乳房吸空，能让妈妈的乳房持续接受刺激，可使母乳的分泌量逐渐增加，会使妈妈重新回归到纯母乳喂养。但缺点是易使宝宝出现消化不良；可使宝宝对乳头发生错觉，进而引发厌食配方奶、拒吃奶瓶的现象。

2. 代授法

一顿全部用母乳哺喂，另一顿则完全用配方奶粉，也就是将母乳和配方奶交替哺喂。一般妈妈同宝宝在一起时只喂母乳，母婴分离时采用配方奶代替。代授法可用来解决妈妈确实母乳不足或因上班等无法按时喂哺的问题，比较适合于4个月以上的宝宝。上班的妈妈可在早上上班前、下午上班前、晚上下班后及睡觉前坚持喂母乳，这种混合喂养可坚持到宝宝1岁或1岁半，对宝宝的身心发展都有利。但一天中母乳喂养不应少于3次，否则母乳就会迅速减退，导致停止分泌乳汁。

需要注意的是，在对宝宝进行混合喂养时，不可因为母乳少就轻易断奶，在未断奶之前应尽量延长母乳喂哺的时间；妈妈因工作关系不能给宝宝喂奶的，可用奶粉代替母乳1~2次，但妈妈仍应按时将奶挤出，以刺激乳汁分泌，挤出的母乳应放在消毒的容器中密封并放入冰箱冷藏，储存时间不宜超过8小时，加热后的母乳不可重复冷藏；混合喂养的宝宝也一样可根据不同的月龄添加各种辅助食品，但在正常的断奶月份之前，辅助食品不可完全取代母乳或奶粉。

 温馨提示

混合喂养的宝宝在前3个月内，如果妈妈奶量较充足，一般不需要额外补充水。遇到天气炎热或干燥，可适当补充水分，补水与人工喂养的宝宝一样，也宜在两次喂食之间补充。妈妈喂水时，若遇到宝宝拒绝，不要着急，多坚持一段时间，宝宝多半会接受的。

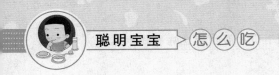

避免不必要的混合喂养

喂养的过程中，很多妈妈只要保持着对母乳的信心，就有可能避免不必要的混合喂养。

在宝宝出生后的15天内，母乳分泌不足也很正常，这时要尽量让宝宝吸吮母乳，不要轻易加喂配方奶，宝宝吸吮奶头，是最好的下奶方法。妈妈只要有耐心和信心，乳汁就会逐渐增多。如果宝宝出生15天后，宝宝吃奶后不久又哭，这就要勤给宝宝测一下体重。只要宝宝每5天体重增加100~150克，即使宝宝有没吃饱的现象，也不要急于加喂配方奶，妈妈耐心等待几天，母乳还会增多。而一旦迫不及待地给宝宝添加了配方奶，就会减少宝宝吸吮乳头的次数及每次吸吮的量，最终导致母乳分泌不足。

在坚持母乳喂养的过程中，妈妈应该做的是相信自己有足够的乳汁喂哺宝宝，情绪对母乳分泌的影响极大，过于担心、睡眠不足、饮食不好都会影响乳汁的分泌。运用正确的哺乳方法，让宝宝频繁地吸吮，喂奶后排空乳房，适当吃些催乳食物，放松心情，睡眠充足，大多数妈妈都可顺利地进行纯母乳喂养。

母乳喂养对宝宝有什么好处

母乳喂养对宝宝的好处很多，民间常说：金水银水不如妈妈的奶水。那么，母乳对宝宝到底有什么好处呢？具体归结起来，主要有以下几个方面。

1. 有利于宝宝健康发育

母乳中几乎涵盖了宝宝发育需要的全部营养素，而且这些营养素易于宝宝吸收。母乳中的营养物质能被婴儿机体有效利用。母乳中的蛋白质与矿物质含量可能不如牛乳多，但是它能调和成利于吸收的比例，促使婴儿充分吸收营养，同时不会增加消化、排泄的负担。跟踪研究还发现，母乳有利于宝宝味觉发育，经由母乳喂养长大的孩子，很少有挑食的现象，或者挑食程度很低。

此外，宝宝吸吮母乳时嘴、下颌、舌头的运动，对语言发育有很好的影响，同时可以防治宝宝牙位不齐等一些常见的问题。

2. 有利于增强宝宝免疫力

经由母乳喂养的宝宝，在1岁以内患病、感染的发生率明显偏低。这是因为母乳中含有多种增加宝宝免疫抗病能力的物质，特别

是初乳，含有多种预防、抗病的抗体和免疫细胞，这是任何代乳品中所没有的。所以，妈妈应尽可能把产后7天内分泌的（含抗体、排便因子的初乳）乳汁哺育给婴儿。

3. 有利于提高宝宝智商

母乳中含有丰富的氨基酸与乳糖等物质，对宝宝的大脑发育有促进作用。研究显示，早产儿如果接受母乳喂养，在出生后的早期能明显受益，与没有吃母乳的同龄早产儿相比，他们的智商平均高出8.3分；足月产的宝宝，如果吃母乳的时间在4个月左右，其智商值要比吃奶粉的宝宝高出3.7分。吃母乳的时间在7~9个月的宝宝和母乳喂养时间少于7个月的宝宝相比，前者的智商明显高于后者。日常生活中，吃母乳的宝宝往往能更早地学会爬、学会说话等。

4. 有利于建立宝宝的安全感

在母乳喂养的过程中，一些细小的肢体动作就能在"抚触"中体会到妈妈的爱与细心。如妈妈对宝宝的抚摸、拥抱、对视、逗引以及与妈妈胸部、乳房、手臂等身体的接触，都是对宝宝的良好刺激，促进母子感情日益加深，可使宝宝获得满足感和安全感，使宝宝心情舒畅，也是宝宝心理正常发展的重要因素，建立起宝宝的安全感，还能促进宝宝大脑与智力的发育。

 ## "哺乳前喂养"有何不好

在妈妈第一次喂母乳前给新生儿糖水或配方奶，称为"哺乳前喂养"。哺乳前喂养会大大影响母乳喂养的质量，产生不良的后果，所以不提倡给新生儿"哺乳前喂养"。

以前人们曾错误地认为，第一次给孩子喂奶应在出生后的4～6

小时内。为了防止宝宝出现低血糖，于是在宝宝出生后的4～6小时内先喂些糖水或配方奶，然后才开奶。科学研究表明：妈妈分娩后半小时内就应该给婴儿喂奶。因为小宝宝出生后20～30分钟的吸吮能力最强，如果开奶过晚，宝宝得不到及时的吸吮刺激，将会影响宝宝以后的吸吮能力。哺乳前喂养主要产生以下不良后果。

1. 新生儿不愿吃妈妈的奶

一方面，哺乳前喂养会使新生儿产生"乳头错觉"(奶瓶的奶头比妈妈的乳头容易吸吮)；另一方面，因为糖水或奶粉冲制的奶比妈妈的奶甜，也会使新生儿不再爱吃妈妈的奶，易造成母乳喂养失败。摄取不了母乳不仅会影响新生儿对母乳的吸吮力，而且更影响新生儿正常的生长发育。

2. 妈妈将身心受损

新生儿减少对母乳的吸吮，可使新妈妈产生一种错觉，误认为自己奶水不够，造成心理压力。一旦新生儿抵制母乳，新妈妈很容易形成失落感和挫败感，且新生儿不愿吃母乳，新妈妈易发生奶胀和乳腺炎。

 ## 哪些宝宝不适宜母乳喂养

当宝宝患有下列疾病时，妈妈不得不放弃对宝宝的母乳喂养，但不要为此而感到遗憾。宝宝吃配方奶一样可以健康成长。

1.患有乳糖不耐受综合征，食用乳汁后易产生腹泻、消化不良等症状。由于长期腹泻不仅直接影响婴儿的生长发育，而且可造成免疫力低下引发的反复感染，对于这部分患特殊疾病的婴儿应暂停母乳或其他奶制品的喂养，而代之以不含乳糖配方的奶粉或大豆配方奶。

2.患有病理性母乳性黄疸，食用母乳后会出现黄疸症状，停止48小时后，自行恢复。此病可尝试喂母乳，但若出现症状必须停止，且需隔2~3天后再次尝试，至不出现症状后方可母乳喂养。

3.患有乳糖血症或苯丙酮尿症，食用母乳后易出现代谢异常，应避免母乳喂养，以免患儿智力受到影响。

 ## 哪些新妈妈不适宜母乳喂养宝宝

母乳喂养虽然好，但当新妈妈患有下列疾病时，不宜进行母乳喂养。

1.患传染病的新妈妈，如患活动性肺结核、传染性肝炎时，如果自己喂奶、带宝宝，不仅消耗体力，影响休息和疾病的痊愈，还会将病原体传染给宝宝。

有些新妈妈
不宜母乳喂养

2.患精神病和癫痫病的新妈妈，若在喂奶时发作，会对宝宝造成伤害，而且患病的新妈妈因为长期服用苯巴比妥（鲁米那）、地西泮（安定)等药物，药物可随乳汁进入宝宝体内，引起宝宝嗜睡、虚脱、全身瘀斑等，因此不宜喂宝宝。

3.甲状腺功能亢进的新妈妈，在服药期间也不要喂奶，以免引起宝宝甲状腺病变；患急性感染的新妈妈，在服用红霉素、氯霉素、磺胺等药物治疗期间，应停止给宝宝喂奶数天，为了避免回奶，应将乳汁吸出来倒掉，待病好后再继续哺乳。

4.患乳房病的新妈妈，如出现乳头凹陷、乳头糜烂、乳腺炎等症状时都不宜给宝宝喂奶；服用避孕药或注射链霉素时，也不宜让宝宝吃母乳；新妈妈患严重感冒或高热时，也要暂时停止喂奶，等恢复之后再喂。

不宜母乳喂养的新妈妈，应努力想办法医治自己的病患，尽快尽可能地满足宝宝的需要。

温馨提示

哺乳妈妈服用以下药物可能损害宝宝的健康，如激素类药物、部分抗生素（如四环素、氯霉素、红霉素、链霉素、磺胺类等）、阿司匹林、抗癫痫药、抗甲状腺药等，妈妈应避免服用。不得已服用时，宝宝应暂停哺乳。

 ## 妈妈生气时可以哺乳吗

人在生气时，体内就分泌出有害物质。若"有毒"乳汁经常被婴儿吸入，会影响其心、肝、脾、肾等重要脏器的功能，使孩子的抗病能力下降，消化功能减退，生长发育迟滞，还会使孩子中毒而长疖疮，甚至发生各种病变。

因此，在哺乳期妈妈要学会调整情绪，并保持良好的心态，尽量做到不生气、少发火。哺乳期妈妈一旦发怒生气，切勿在生气时(或刚生完气)给孩子喂奶，以免影响宝宝健康。如要哺乳，最少要过半天或一天，还要挤出一部分乳汁，用干净的布擦干乳头后再哺乳。

 ## 哺乳期妈妈如何重视乳房保健

妈妈的乳房是宝宝的"粮袋"，随着宝宝吸吮力的逐渐增强，对乳头吸力也会逐渐增大，如果妈妈不注意呵护，患上乳头皲裂、乳腺炎等疾病，不仅妈妈疼痛难忍，宝宝更是断了"粮饷"，那问题可就大了，因此，妈妈应好好呵护自己的乳房、宝宝的"粮袋"。

1.给宝宝哺乳之前，应洗净双手，最好用温水擦洗乳房、乳头，清除乳房与衣服接触时可能沾染上的细菌，以保证宝宝的健康。每次给婴儿喂完奶后，也可用温水擦洗乳头、乳晕及其周围部分，以清除婴儿吸吮乳房时由口腔传播出来的细菌，保证乳房的清洁。擦洗完后，妈妈要在乳头上涂一点奶液，让乳头自然风干，风干后再放下胸罩，奶液形成的保护膜还能促进伤口的愈合。胸罩不宜过紧，避免对乳头过分摩擦。

2.每次给宝宝喂完奶后，如果宝宝未能将全部乳汁吸尽，妈妈可用手轻轻揉挤将剩下的乳汁挤净，防止乳汁淤积而导致导管堵塞引发乳腺炎。遇有不能哺乳的情况时，妈妈也一定要排空乳房，每天清空乳房内的乳汁，每天挤6次左右即可，及时挤出乳房里的乳汁，才能保证乳汁的正常分泌。要做到两侧乳房交替喂奶，避免以后两侧乳房大小悬殊。不哺乳时，应戴上合适的乳罩，将乳房向上托起，防止乳房下垂阻塞导管，以保证乳房血液循环。

3.不要用香皂类清洁剂清洗乳房和乳头，清洁剂容易除去皮肤表面的保护层，碱化乳房局部皮肤，不利于乳房局部酸化，从而使乳头变得又干又硬，且容易皲裂。同时，皮肤表面的"碱化"为碱性菌群的生长创造条件，时间一长可能导致乳腺炎，增加哺乳时的痛苦，甚至不得不采用人工喂养。

 ## 纯母乳喂养时需另外喂水吗

母乳喂养的孩子，有时候看上去小嘴会有点干，这其实是一种正常的现象，因为此时宝宝口腔的唾液分泌较少，就算妈妈给他喂了水，他的口腔还会有点干，所以不必另外喂水。

母乳喂养新观点认为，纯母乳喂养的宝宝，在0-4个月期间不必喂水。因为母乳内含有正常宝宝所需要的水分，而且给婴儿喂水，会挤占部分胃容量，抑制婴儿的吸吮能力，使他们主动吸吮乳汁的量减少。这不仅对婴儿成长不利，还会造成母乳分泌减少。因此，纯母乳喂养不必再喂水，只要按需哺乳就可以了。如果宝宝口渴，也应该让宝宝吸吮母乳，这样可以使宝宝从母乳中得到较多的所需要的水分和营养物质，频繁吸吮也会增加乳汁的分泌量。

所以，母乳喂养的婴儿不需要在两次喂奶之间加喂水。除在病理情况下（如高热、腹泻等）发生脱水现象时，需要加喂些水外，在一般情况下，即使在夏季，也没有必要加喂水。

如何给人工喂养的宝宝调配奶粉

合理的奶粉调配在保证婴儿营养摄入中至关重要。冲调配方奶时应注意以下几点：

1.冲泡配方奶时，手部的清洁非常重要。冲泡前必须用肥皂彻底地清洗双手。奶瓶、奶嘴、瓶盖等冲调器具应煮沸消毒。

2.冲泡开水必须完全煮沸，且要把水温调到合适，以40℃左右最为合适，再倒入奶粉搅拌均匀。水温过高会使奶粉中的乳清蛋白产生凝块，影响宝宝的消化吸收，还会破坏奶粉中添加的免疫活性物质。不要用电热水瓶热水，因其未达沸点或煮沸时间不够。在事先消毒的奶瓶中加入40℃左右温开水2/3的量，并将水滴至手腕内侧，感觉与体温差不多即可，切忌先加奶粉后加水。

3.仔细阅读包装上的冲调须知。冲调的奶粉量及水量必须按包装上的指示冲泡，奶水浓度过浓或过稀，皆会影响宝宝的健康。利用配方奶里的专用匙测量配方奶的量，并正确地控制每次的分量。新

生儿的消化能力较差，而且不容易消化配方奶，因此要控制好配方奶的浓度。切忌自行增加奶粉浓度及添加辅助品。

4.盖上奶瓶盖，左右晃圈似的摇晃奶瓶，使配方奶充分溶化，注意不要上下摇动。再把剩余的1/3热水加入奶瓶中，轻轻晃动奶瓶，让配方奶彻底溶化，冲好的配方奶滴在手腕内侧，如果稍有温热的感觉，就适合宝宝食用，切勿由成年人直接吸奶头尝试，以免引起细菌感染。奶温过高会烫伤宝宝，过低会刺激宝宝胃肠道蠕动，造成腹泻，影响营养素的吸收，因此喂奶前要先试温。

5.宝宝奶粉宜现吃现冲，不宜一次冲泡太多的量，吃不完的奶不宜给宝宝下次再吃。切忌将已冲调好的奶粉再次煮沸。

6.喂奶完毕，一定要彻底清洗、消毒奶具。可将奶瓶和其他喂奶工具放入一口专用的深锅中，并完全浸没在水中，然后煮沸15~20分钟，最后放在干净的地方风干，放进一个清洁有盖的容器中存放，准备下次再用。

温馨提示

调配配方乳时不要再额外加糖，因其中已含有适当比例的糖，否则会使宝宝过胖。

如何判断宝宝是否吃饱了

新生儿不会说话，想要知道他是否吃饱了像是一件非常困难的事情。仅仅从宝宝的啼哭无法准确地判断他是否吃饱，因为他也常会因其他的原因而啼哭。仅仅从宝宝吃奶时间的长短来判断宝宝是否吃饱也是不准确的。因为有的宝宝在吸空乳汁后还会继续吸吮10分钟或更长时间，还有的宝宝只是喜欢吸吮着玩。父母可以通过下面介绍的一些方法来判断宝宝是否吃饱。

1. 母乳喂养的宝宝

母乳喂养就比较难估计，主要从以下几个方面进行判断。

（1）宝宝吃奶的声音

宝宝平均每吸2~3下奶，妈妈就可以听到宝宝咕噜的吞咽声音。这时候的吸吮是慢而有力的，有时候奶水会从宝宝口角溢出，这种状态持续4~5分钟，宝宝就已经吃得大半饱了，随后，吸吮力慢慢变小，再过上5~6分钟，宝宝会含着乳头入睡，这说明宝宝已经吃饱了。如果宝宝吃了超过30分钟还含着乳头吸吮不放松，这就告诉妈妈自己还没有吃饱。宝宝吃饱后，一般能安静入睡2~3小时，有的醒了以后还能玩一小会儿。如果宝宝哭闹不安，或睡一会儿就醒，就表示没有吃饱，妈妈就要想办法增加奶量。

（2）乳房的自我感觉

妈妈在给宝宝哺乳前，乳房会有饱胀感，表面静脉显露，用手轻轻按时，乳汁很容易溢出。哺乳结束后，妈妈会感觉到乳房松软，轻微下垂。

（3）宝宝的自我满足感

宝宝吃饱后往往会有一种满足感，一般能安静入睡2~4小时。如果宝宝哭闹不安，或没睡到1~2小时就醒来了（大小便除外），常表示没有吃饱，应适当增加奶量。如吃奶后他不哭了，对你笑，或者睡着了，说明宝宝吃饱了。

（4）宝宝的大小便次数

宝宝的大小便次数和性状可反映宝宝的饥饱情况。母乳喂养的宝宝，大便呈金黄色；奶粉喂养的宝宝，大便呈淡黄色，比较干燥。一般来讲，只吃母乳的宝宝每天小便6次以上，就说明吃饱了。不过，如果妈妈们给宝宝喂了水或饮料，小便6次以上这个方法就不适宜了。如果宝宝的大便呈绿色，粪质少，并含有大量黏液，说明宝宝没有吃饱。

（5）宝宝的体重增减

宝宝体重的增减是衡量宝宝饮食是否充足的可靠依据。足月新生儿头1个月增加720~750克，第2个月增加600克。一般6个月以内的宝宝，平均每月增加体重600克左右，就表示吃饱了。如果宝宝体重增加较多，说明奶水充足；如果体重每月增长少于500克，表示奶量不够，宝宝没有吃饱。如果宝宝没有吃够奶，宝宝的体重在出生后的5天里会减少10%或更多。要知道新生宝宝的体重一下减少5%~9%是正常的。但从第5天开始，宝宝的体重至少应该每天增长约28克。

另一种方法是在喂奶前后给宝宝各称一次体重，其差额便是每次的喂奶量。出生3个月时每次喂奶量为100~150毫升，6个月时为150~200毫升，达到这个数量表示宝宝吃饱了。

2. 奶粉喂养的宝宝

如果宝宝是吃配方奶粉，父母就比较容易判断其是否吃饱，主要看宝宝一次吃多少。一般新生儿60~90毫升/次，大于1个月则90~150毫升/次。有的宝宝胃口很大，吃了还要吃，最好每次准备的奶量都超过宝宝实际要吃的量，一方面可判断宝宝吃了多少，另一方面又可满足宝宝的食欲。对于0~3个月的宝宝，每日的总奶量最好不要超过1200毫升，每次最多210毫升，否则易导致宝宝肥胖。

第4章

3-4个月：宝宝喂养同步指导

3-4个月的宝宝仍以乳类为主，对蛋白质、脂肪、维生素、微量元素等营养成分的需求可以从乳类中获得。这个阶段，由于宝宝的活动量增加，食量也开始增加，但如果对辅食不感兴趣，家长也不要着急，不要强迫宝宝吃他不喜欢的辅食，以免给日后的辅食添加增加难度。下面是满4个月宝宝体格发育的平均指标。

月　　份	满4个月	
性　　别	男宝宝	女宝宝
体重（千克）	7.76	7.16
身长（厘米）	65.7	64.2
头围（厘米）	42.2	41.2
胸围（厘米）	42.4	41.4

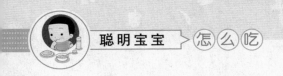
第一节　3-4个月，本阶段宝宝喂养要点

本月宝宝的科学喂养

　　进入第3个月之后，宝宝的喝奶量增多了，每次喂奶间隔时间也相应变长了，说明宝宝已经具备了储存能量的能力。大多数宝宝知道自己的需要，奶供过于求，宝宝会拒而不受，奶供不应求，宝宝则会提前醒来吃奶。妈妈应顺其自然，不必因宝宝推迟吃奶时间而操心，更不能一到吃奶时间就叫醒熟睡中的宝宝。一般来说，本月母乳喂养的宝宝应每隔4小时喂奶1次，每天共喂6次。

　　人工喂养的宝宝本月仍主张继续喝配方奶，每天喂奶量应保持在900毫升以内，不要超过这个量。超过这个量，宝宝容易发胖，有的还会导致宝宝厌食奶粉。每次喝奶量如果达到200毫升，一天喂5次就可以了。如果每天喂6次，则每次的量不宜超过180毫升。

　　混合喂养的宝宝要慢慢适应定时定量的喂养。本月发育良好的宝宝喂奶次数和奶量与上月差不多。如果宝宝吃奶次数减少1次，也尽量减配方奶。

　　对混合喂养和人工喂养的宝宝，本月都应适量添加蔬菜汁和新鲜果汁，用以补充牛奶加工过程中损失的维生素C，一般每日2次。维生素C能增强宝宝对疾病的抵抗力，还可使铁的吸收率提高2~3

倍，有助于预防缺铁性贫血。经常饮用果汁还能防止便秘，增进食欲，对宝宝的生长发育非常有利。

 母乳仍是最佳的选择

进入第4个月，宝宝就该过百天了，宝宝在这一阶段生长发育是很迅速的，由于身体对营养的需求增大，食量会增加，不但吃得多，而且还吃得快，吞咽的时候还能听见咕嘟咕嘟的声音，嘴角还不时地溢出奶液来。

当然，每个宝宝因胃口、体重等差异，食量也有很大差别。有的宝宝胃口大，吃得就香；而有的宝宝胃口小，吃得相对就少，而且吸一吸、停一停，没有那种狼吞虎咽的样子。对这样的宝宝，如果没发现什么异常反应，爸爸妈妈就不要过于担心。

3-4个月是宝宝身体生长发育的高峰期，但宝宝对糖类的吸收消化能力还是比较差的，对奶的吸收消化能力较强，对蛋白质、矿物质、脂肪、维生素等营养成分的需求可以从乳类中获得。这个阶段，母乳对于宝宝来说太重要了，因此，妈妈要尽可能地给宝宝多吃母乳，不但要注意宝宝的吃奶量，而且还要注意母乳的质量。为使宝宝有足够的营养，妈妈必须保证营养的摄入量，保证足够的睡眠和休息，这样才能有既营养又充足的乳汁。由于妈妈的乳汁慢慢减少，所以要多吃促进乳汁分泌的食物和含铁、钙丰富的食物，还要多吃蔬菜、水果，以满足宝宝的需要。注意不要吃刺激性强的食物，否则会影响宝宝对奶水的食欲，妈妈更不能为了身材而节食。

本月，母乳充足的宝宝依然能从母乳中获得充足营养，因此，可以不添加任何固体辅食，但食量大的宝宝需要补充配方奶，否则会因吃不饱而哭闹。一般来说，如果宝宝1周的体重增长不到20克，就要考虑加配方奶了。

给宝宝转奶要循序渐进

育儿专家认为，宝宝在婴儿期是不适合频繁转奶的。由于孩子的消化系统发育尚不完善，对于不同食物的消化需要一段时间来适应，因此，父母千万不可给孩子频繁换奶粉。也许有的父母以为"转奶"就是在不同牌子的奶粉间互相转换，其实相同的牌子、不同的阶段之间的奶粉，或同一牌子、相同阶段但不同产地的奶粉的变化也都属于"转奶"。父母需要特别小心。

给宝宝转奶要循序渐进，不要过于心急，整个过程可历时1~2周，让宝宝有个适应的过程。父母要注意观察，如果宝宝没有不良反应，才可以增加，如果不能适应，就要缓慢改变。此外，转奶应在宝宝健康正常情况下进行，如没有腹泻、发热、感冒等，接种疫苗期间也最好不要转奶。

那么，如何判断宝宝是否"转奶"成功呢？"转奶不适"又会有什么症状呢？据了解，宝宝出现"转奶不适"通常会拉肚子、呕吐、不爱吃奶、便秘、哭闹、过敏等。其中"拉肚子"最为严重，而"过敏"则表现为皮肤痒、出红疹，父母要边给孩子转奶边观察孩子的适应状况。

　　转奶的方法是"新旧混合"，父母要将预备替换的奶粉和宝宝先前的奶粉在转奶时掺和饮用，尽可能在原先使用的奶粉中适当添加新的奶粉，开始可以量少一点，慢慢适当增加比例，直到完全更换。如先在老的奶粉里添加1/3的新奶粉，这样吃了2~3天没什么不适后，再老的、新的奶粉各1/2吃2~3天，再老的1/3、新的2/3吃2~3天，最后过渡到完全用新的奶粉取代老的奶粉。

 本月宝宝喂养"三不要"

1. 不要喂太多或太快

　　喂养宝宝妈妈一定要有耐心，不要喂得太急太快，因本月不同的宝宝食量有所不同，食量大的一天可以吃1000毫升配方奶，食量小的一天仅能吃500~600毫升配方奶。妈妈不要过分执着于让宝宝吃到书中标注的量，强迫宝宝把奶瓶里的奶吃光。任何的强迫喂养，都可能导致宝宝厌食。

　　母乳喂养和混合喂养的宝宝，若需要给宝宝添加配方奶时，不要补太多。尝试添加时，可以先准备120毫升配方奶，如果宝宝一次都喝光，表现出没吃饱的状态，下一次就冲150毫升，因150毫升是这个月的上限，不能多于这个量；如果宝宝吃不了，就再减量。如果每天加一次配方奶，宝宝仍饿得哭，体重增长也不理想，可以再加一次配方奶，但不要过量，过量添加不仅影响宝宝的健康，还会影响母乳的分泌。

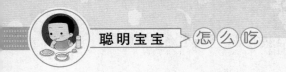
2. 不要急着添加辅食

看到越长越大的宝宝，一些父母认为可以给宝宝吃一些辅食了，于是，就迫不及待地为宝宝添加奶糕、米粉等谷类食物。其实3-4个月的宝宝消化腺还不发达，许多消化酶尚未形成，这样做有很多不利因素：首先是易导致宝宝消化不良，进而影响宝宝正常吃奶，容易造成营养不良；其次是宝宝在妈妈或爸爸的强行喂食下，极易造成能量过剩，日后容易发生肥胖。

辅食一般是在宝宝4个月以后才开始喂的，在这个月，宝宝的主要食品仍以母乳或配方奶为主，其他食品只能作为一种补充。本月人工喂养的宝宝可喂一些蔬菜汁、果汁，如果宝宝不爱喝，父母也不要强迫。

温馨提示

4个月以内的宝宝不能增加淀粉类食物，如大米或小米稀饭。因为这个阶段的宝宝消化酶活性低，消化淀粉类食物的能力有限，过早添加淀粉类食物易导致消化不良、血钠过高、食物过敏等。淀粉类食物如米粉等，宜在4~6个月的宝宝消化系统功能逐渐完善后添加较适宜。

3. 不要给宝宝喂酸奶

酸奶中含有乳酸，宝宝的肝脏发育不成熟，不能将这种乳酸消化吸收，从而导致宝宝胃肠功能紊乱，2岁以下的宝宝其实都不适宜喝酸奶，而且酸奶中含糖量较高，也易导致肥胖。

第二节 3-4个月，开始让宝宝尝尝鲜

西瓜汁：治宝宝暑热烦渴

【原料】西瓜适量。

【做法】①用刀切开西瓜，用小勺将西瓜瓤挖出后放入碗中，半碗即可。②用汤匙捣烂，倒入消过毒的洁净纱布过滤，取汁饮用。

【备注】切记不要选用冰镇西瓜做原料。夏季给宝宝喝点西瓜汁，有清凉去火、避暑之功效。但西瓜汁较凉，尽量不要让婴儿在晚上喝，以免引起婴儿咳嗽。

梨汁：生津润燥，清热化痰

【原料】鲜梨1个，温开水适量。

【做法】①将梨洗净、去皮，切成小块。不要取接近梨核的果肉。②果肉放入榨汁机中榨出果汁，加入温水（梨汁和温水的比例为1：2），随吃随榨。或放入开水中煮5分钟，晾温后即可饮用。

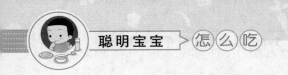
【备注】梨含维生素、胡萝卜素、钙、磷、铁等营养物质，有"天然矿泉水"之称，能生津润燥、清热化痰。

 ## 苹果汁：健脾益胃，润肠止泻

【原料】苹果1个，温开水适量。

【做法】①将苹果洗净，去皮、核后切成小块。②放入榨汁机中，榨取果汁，加入适量温开水（苹果汁和温开水的比例为1∶2）。

【备注】苹果中含有丰富的营养，其中维生素A、胡萝卜素和钙的含量比一般水果要多，有健脾益胃、生津止渴、润肠止泻之功效。

苹果

 ## 西红柿汁：补营养，助消化

【原料】西红柿1个，温开水适量。

【做法】①挑选外观圆整、全红的西红柿，将其洗净。②放入盆中，用开水淋浇四五次即可，稍后再用凉水淋浇，不再烫手时将其取出，去皮。③将西红柿切成小块，放入榨汁机中，然后取汁加入2倍西红柿汁的温开水，即可饮用。

【备注】西红柿中含有丰富的维生素C，还含有特有的番茄红素，有抑制真菌生长的作用。但不要给宝宝吃反季节栽培的西红柿。

小白菜汁：补充维生素和矿物质

【原料】小白菜3棵，温开水适量。

【做法】①将小白菜去根、浸泡、洗净、切断。②用开水将小白菜烫至九分熟，捞出后放入榨汁机中。③加入适量的温开水，榨汁、过滤、取汁，宝宝即可饮用。

【备注】小白菜是蔬菜中含维生素和矿物质最丰富的菜，能增强宝宝的免疫力，治疗便秘、腹胀。但腹泻的宝宝不宜吃。

 ## 冬瓜汁：解渴，消暑，利尿

【原料】冬瓜15克，水适量。

【做法】①将冬瓜去皮、瓤，用流水清洗干净，切片。②用汤锅把水煮沸后，将冬瓜片放入水中煮15分钟左右，晾温后喂宝宝食用。

【备注】冬瓜是营养价值很高的蔬菜，含有丰富的蛋白质、糖类、矿物质和维生素等营养成分，特别是维生素C的含量较高。具有解渴、消暑、利尿等功效，是清热解暑的良药。

 ## 桃汁：补充铁质，预防贫血

【原料】鲜桃1个，水适量。

【做法】①将桃子洗净、去皮，切成小块。②将桃块放入榨汁机中，加入适量的温开水（水和桃汁的比例为2：1），榨取果汁。或放

入开水中煮5分钟，晾温后给宝宝饮用，随饮随煮。

【备注】桃是一种营养价值很高的水果，含铁量特别高，吃桃可以防止贫血。但切记不宜多吃，以免引起胃胀。桃毛一定要洗净，否则容易引起宝宝过敏。

 ## 鲜橙汁：生津止渴，助消化

【原料】鲜橙1个，温开水20毫升。

【做法】①把橙子洗净、去皮、取肉。②将果肉放入榨汁机中榨取果汁，榨好后加入等量或者稍多一些的温开水即可。

【备注】橙子中含有丰富维生素C、蛋白质、果胶、钙、磷、铁等多种营养成分，对宝宝的皮肤、头发都有滋润效果。刚开始给宝宝喝一两勺即可，不要多食，随着宝宝的成长，逐渐递增。

 ## 胡萝卜汤：健脾和胃，补肝明目

【原料】胡萝卜2个，高汤适量。

【做法】①将胡萝卜洗净，切成片，待用。②将高汤放入锅中，用大火煮沸，再放入胡萝卜煮10分钟即可。

【备注】胡萝卜有"东方小人参"之称，胡萝卜中含有丰富的β-胡萝卜素，不但能滋肝、养血、明目，还可以增强记忆力。给宝宝吃时不要削皮，因为胡萝卜素主要存在于皮中。

第三节 答疑解惑，本阶段宝宝喂养难题

 宝宝厌食牛奶该怎么办

有些人工喂养的宝宝在3个月以前一直比较喜欢喝牛奶，可满3个月后，许多宝宝会变得不爱喝牛奶，即使改变牛奶的浓度或温度，都无法引起宝宝的食欲，这种现象叫做厌食牛奶。这时有些妈妈会非常担心，千方百计想让宝宝喝，可是越着急宝宝越不喝，最后宝宝一看到奶瓶就哭。

厌食牛奶

实际上，人工喂养的宝宝在满3个月以前，虽然喝了大量的牛奶，但是无法有效地吸收牛奶中的蛋白质。过了3个月以后，宝宝吸收蛋白质的能力增强，消化吸收的情况顺利，所以多出的养分会变成脂肪存于体内，因此身体会逐渐发胖。如果摄取了过多的牛奶，宝宝的肝和肾的负担过重，时间长了会导致功能失调。这对宝宝来说，是属于一种内部器官的自卫性反应，并不算是疾病。那些长期过量喝牛奶的宝宝，其肝及肾非常疲惫，最后会导致"罢工"，以

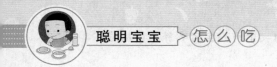
厌食牛奶的方式体现出来。这也是宝宝为了预防肥胖症而采取的自卫行动。据统计显示，这类宝宝的发育状况，绝大多数符合标准，身体也没有任何异状。这只是宝宝身体功能不适应奶粉的一种反应而已，并不是什么疾病。

在这种情况下，妈妈不要再继续喂宝宝不喜欢喝的牛奶，首先换奶粉，不行的话就补充些果汁和水，让宝宝的肝和肾得到充分的休息。在一般情况下，经过10天或半个月的细心照料，宝宝就会再度喜欢上牛奶的。刚开始时，宝宝或许一天只能喝100毫升或200毫升牛奶，妈妈不要为此而担心，只要尽可能地满足宝宝对果汁和水的需要，就不会有什么问题。因为宝宝自己会根据自身的消化能力进食，从而使肝及肾得到充分的休息。在喂宝宝果汁、菜汁和水的同时也可喂一些配方奶，但要调配得稀一些。

 ## 如何给宝宝补充鱼肝油

鱼肝油是一种维生素类药物，主要含有维生素A和维生素D，常用来预防和治疗维生素D缺乏症和夜盲症。由于母乳中维生素D含量较低，所以宝宝一般从3个月起就应添加鱼肝油，以促进钙、磷的代谢吸收。但值得注意的是，维生素A、维生素D均为脂溶性维生素，与其他水溶性维生素如维生素B_1、维生素B_2等不同，过量摄入维生素A、维生素D不能被及时排除，而会在体内贮存起来，进而产生毒性作用。鱼肝油由于剂型、产地及使用原材料的不同导致维生素A、维生素D含量有差别，在给宝宝添加鱼肝油时一定要小心，以免发生意外。

1.鱼肝油不是滋补药品，并不是用量越多越好。摄入过量的维生素A、维生素D会有中毒的危险，因此，无论是用来预防还是治疗维生素D缺乏症或夜盲症，都要征求医生的意见，在医生的指导和监护下进行，正确选择剂型、用量及使用期限，以防过量。

2.由于维生素A、维生素D的摄入及需要量受多种因素的影响，因此添加鱼肝油的量要根据宝宝月龄、户外活动情况以及摄入的食品种类来进行调整。一般来说，早产儿应提早添加鱼肝油，随月龄增长可适当增加用量。太阳光中的紫外线照射皮肤可产生维生素D，多晒太阳的宝宝可以少服鱼肝油。另外，一些宝宝食品已强化维生素A、维生素D，有规律食用这类辅食可以减少鱼肝油用量。

3.鱼肝油同时含有丰富的维生素A、维生素D，两者的功能及不良反应又各不相同，在治疗维生素D缺乏症或夜盲症时，因用量较大，时间较长，应分别使用单纯的维生素D或维生素A制剂，以免导致另一种维生素中毒。

 ## 牛奶加米汤营养更丰富吗

人们都知道，牛奶和米汤营养都很丰富，又易于消化吸收，是宝宝理想的辅助食品。但是，有的妈妈用米汤、米粥掺牛奶喂给宝宝吃，以为这样营养更丰富，其实这样做是不科学的。

牛奶含有一般食品所缺少的维生素A。维生素A是脂溶性维生素，它能促进宝宝生长发育，维护上皮组织，增进视力。而米汤、米粥则是以淀粉为主的食物，含有一种脂肪氧化酶，如果用米汤掺牛奶，这种脂肪氧化酶就会破坏牛奶中的维生素A。宝宝主要是依靠乳类食品来摄取维生素，如果宝宝长期摄取维生素A不足，会导致发育迟缓，体弱多病。

因此，喂养宝宝时，最好把牛奶、奶粉与米汤分开吃，以防营养素受损，对宝宝的健康不利。

 辅食添加是不是越早越好呢

过早添加辅食对宝宝有百害而无一益，会给宝宝带来以下害处。

1．增加肠胃负担

刚离开母体的婴儿，消化器官很娇嫩，消化腺也不是很发达，分泌功能差，多种消化酶都尚未形成，宝宝还不具备消化辅食的功能。如果给宝宝添加辅食会增加宝宝的肠胃负担，导致胃肠功能紊乱，有的消化不了的食物滞留在腹中还会"发酵"，造成宝宝腹胀、便秘、厌食；还有可能因为肠胃蠕动增强，导致腹泻。因此，出生4个月以内的婴儿忌过早添加辅食。

2．引起过敏

4个月以内的宝宝不仅消化系统娇嫩，免疫系统也十分脆弱，过早添加辅食容易引发食物过敏症，可能造成宝宝对某些食物永久性过敏，还可能引发哮喘病。

3．营养摄入不均匀

母乳为宝宝提供丰富且易于消化吸收的营养，还为宝宝提供了能增强免疫力的免疫因子。母乳是4个月以内婴儿最理想的天然食品。辅食添加过早，宝宝不仅不能很好地吸收辅食的营养，还会使母乳吸收量相对减少，破坏营养平衡，反而造成宝宝营养不良。

第5章

4-5个月：宝宝喂养同步指导

4-5个月的宝宝已能够清楚地表达自己的情绪，饮食上仍以乳类为主，同时要添加辅食，一方面，补充其成长所需的营养，另一方面，也要为日后的断奶做好准备。添加的辅食可以保证宝宝营养的均衡，锻炼宝宝的咀嚼和吞咽能力。下面是满5个月宝宝体格发育的平均指标。

月　份	满 5 个月	
性　别	男宝宝	女宝宝
体重（千克）	8.32	7.65
身长（厘米）	67.8	66.1
头围（厘米）	43.2	42.1
胸围（厘米）	43.3	42.1

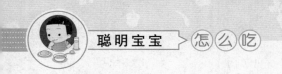
第一节 4-5个月，本阶段宝宝喂养要点

 本月喂养，宝宝仍以乳类为主

宝宝长到4-5个月时，开始对乳汁以外的食物感兴趣了，即使4个月以前完全采用母乳喂养的宝宝，到了这个时候也会开始想吃母乳以外的食物了。比如，宝宝看到成年人吃饭时会伸手去抓或嘴唇动、流口水，这时就可以考虑给宝宝添加一些辅食，为将来的断奶做准备了。

果汁/蔬菜汁

这个月，宝宝的活动量增大了，食量开始增加，口中的唾液淀粉酵素以及胰淀粉酵素分泌急速增加，正是添加辅食的好时机。所以，建议宝宝开始吃一些流质食物，为尝试辅食做准备。

本月的宝宝仍以乳类为主，对于母乳喂养的宝宝还不宜增加其他代乳食品，仍主张用母乳喂养。这个月宝宝吃奶也较有规律，间隔4个小时喂一次母乳，半夜只需喂养1次即可。本月宝宝体重如果每天能增加20克左右，就说明母乳充足。

本月的宝宝食量差距比较大。人工喂养的宝宝，有的一次喝150毫升就够了，有的一次喝200毫升还不一定够，但人工喂养的宝宝每次喂的量不宜超过200毫升，每天的总奶量保持在1000毫升以内，否则易导致宝宝肥胖或宝宝出现厌奶。

混合喂养的宝宝，由于本月宝宝食欲增大，母乳的分泌可能发生变化，妈妈需要给宝宝增加奶量。

本月宝宝可以食用一些淀粉类半流质食物，先从1~2匙开始，以后逐渐增加，宝宝不爱吃就不要喂，千万不要勉强，也可以加喂一次鲜果汁等。

 温馨提示

在各种蔬菜汁中，胡萝卜汁是本月小儿最理想的食品，胡萝卜营养丰富，是合成人体内维生素A的主要来源。人体如果缺乏维生素A，会出现眼睛发育障碍，易患夜盲症，并易发皮肤粗糙等病变。

在尝试中发现辅食添加的时机

6个月以内的宝宝以母乳或配方奶为主，这个阶段添加辅食是以给宝宝尝试为主要目的。一般来说，辅食的添加时间是在宝宝满120天之后，不过不同的宝宝还需要从实际需要出发。妈妈要注意以下情况。

母乳喂养的宝宝每天喂8~10次奶，人工喂养的宝宝每天总奶量达1000毫升时，看上去仍显得饥饿；宝宝对成年人的饭菜感兴趣，喜欢看成年人吃东西，当用小匙触及宝宝口时他会主动张口并做吸吮的动作；足月的宝宝体重达到出生时的2倍，低出生体重儿体重达到6000克。这些情况就提示妈妈，纯乳类喂养不能满足宝宝的需要，宝宝也

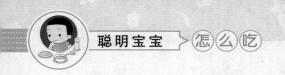

具备吞咽泥糊状食物的能力，妈妈可以尝试给宝宝添加辅食了。一般来说，人工喂养比母乳喂养或混合喂养的宝宝添加辅食要早。

给宝宝添加辅食的五大好处

在宝宝的生长过程中，当母乳或配方奶等乳制品所含的营养素不能完全满足其生长发育的需要时，需要妈妈在宝宝4-6个月的时候，开始给他添加乳制品以外的其他食物，这些逐渐添加的食物就称为辅食。那么，添加辅食对宝宝有什么好处呢？

宝宝出生后的第一年是一生中生长发育最快的时期，身体和大脑迅速发育，对营养物质的需求比成年人更高、更全面。母乳或配方奶只能供给宝宝4-6个月的营养需求，如果还只食用母乳或配方奶，就会出现体内铁、蛋白质、钙质和维生素等缺乏的状况。这样宝宝的身体就需要从食物中摄取营养素来促进生长，维持健康，也就是说，在本月就应该给宝宝逐渐添加辅食了。实践证明，添加辅食对宝宝是非常有好处的，主要表现在以下五个方面。

1. 可以供给宝宝更丰富的营养

宝宝在4个月以后，成长迅速，活动量也变大，而母乳的分泌越来越少，营养不够充分，要想满足宝宝成长所需的营养就必须添加辅食。给宝宝添加的辅食包括谷物、蔬菜、水果、蛋黄等，这些食物中都富含宝宝所需的营养。宝宝每天除了从母乳与配方奶中摄取营养外，还可通过这些食物摄取营养，以达到生长发育的需要。

2. 能强化宝宝的消化功能

适量适时地添加辅食可增加宝宝唾液及其他消化液的分泌量，增强消化酶的活性，促进牙齿的发育，训练宝宝的咀嚼、吞咽能力，使食物容易被消化利用，宝宝也逐渐适应从吸乳汁到吃固体食品的这个过程。

3. 可促进宝宝的智力发育

食物中很多健脑益智的食物，这些食物通过咀嚼可促进宝宝感知觉的发育，从而促进宝宝智力的开发。

4. 有助于宝宝开口说话

宝宝在吃不同硬度、不同形状和不同大小的食物时可以训练舌头、牙齿间的配合，促进口腔功能发育，从而使宝宝产生想发声的欲望，这对宝宝未来说话很有帮助。

5. 可使宝宝养成良好的饮食习惯

及时添加辅食，可以让宝宝接触多种质地、口味的食物，对日后避免偏食、挑食有帮助。因此，从开始添加辅食起，就该给宝宝吃一些营养丰富、清淡、原味的食物，这对宝宝一生健康非常有好处。

 添加辅食不可"操之过急"

给宝宝添加辅食不能随随便便，要讲究方法，遵循一定的原则。如操之过急，很有可能造成宝宝消化功能紊乱，引起腹泻、呕吐，反而会延缓宝宝添加辅食的进程。具体来说，添加辅食要遵循以下原则。

1. 必须与宝宝的月龄相适应

过早添加辅食，宝宝会因消化功能还不成熟而导致消化功能发生紊乱；过晚添加辅食会造成宝宝营养不良，甚至会因此拒吃非乳类的流质食物。

2. 要抓住敏感期

宝宝的咀嚼、吞咽敏感期从4个月左右开始，7-8个月时为最佳

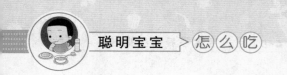
时期。对于母乳充足的宝宝，只要宝宝乐意接受且没有不良反应，即可在4-6个月期间循序渐进添加辅食。而对于人工喂养的宝宝，添加辅食最好选在4个月时，由于配方奶粉的营养不如母乳，所以4个月时必须尝试给宝宝添加辅食，这样可以为他以后良好的进食习惯打下基础。

温馨提示

　　无论是母乳喂养还是人工喂养的宝宝，添加辅食一定要选择宝宝身体状况良好、消化功能正常时，宝宝身体不舒服或生病时不要添加新食物。

3. 从少到多

　　添加辅食时，一定要从少到多，逐渐增加，第一天从喂食一匙开始，再慢慢增加分量。增加的食物种类要一样一样地来，开始只给宝宝吃一种与月龄相宜的辅食，尝试3~4天或1周后，如果宝宝的消化情况良好，排便正常，可再尝试另一种，不能在短时间内给宝宝添加好几种食物。宝宝如果对某一种食物过敏，在尝试的几天里就能观察出来。

4. 从稀到稠

　　宝宝在开始添加辅食时还没有长出牙齿，给宝宝添加辅食应遵循从流质逐渐过渡到半流质再到固体食物的原则，逐渐增加稠度。

5. 吃流质、泥状食物别太久

　　如果长时间给宝宝吃流质或泥状食物，宝宝就会错过锻炼咀嚼能力的关键期，从而导致宝宝在咀嚼食物方面产生障碍。

6. 从细到粗

　　刚开始添加辅食时，食物颗粒要细小，口感要嫩滑，以锻炼宝宝的吞咽功能，在宝宝快要长牙或正在长牙时，可把食物颗粒逐渐做得粗大，这样有利于促进宝宝牙齿的生长，并锻炼他们的咀嚼能力。如从青菜汁到菜泥再到碎菜，以逐渐适应宝宝的吞咽和咀嚼能力。

7. 别让辅食代乳类

6个月以内，母乳或配方奶粉仍是宝宝的主食，而此时的辅食只能作为一种补充食品让宝宝练习着吃。如果为了让宝宝吃上更多的辅食而减少母乳或配方奶的量，那是不可取的。

8. 应适宜季节的变化

寒冷季节可适量多添加辅食，以补充身体需求；而夏季则可少量添加辅食，避免损伤宝宝脾胃，导致消化不良。

9. 一定要讲究卫生

给宝宝添加辅食的原料要新鲜，现做现吃，吃剩的食物不要再给宝宝吃。宝宝餐具要固定专用，认真洗刷，每日消毒。

10. 密切观察宝宝的消化情况

宝宝吃了新添加的辅食后，要密切观察宝宝的消化情况，如出现腹泻或便里有较多黏液，要立即暂停该食物，等宝宝恢复正常后再重新少量添加。

总之，添加辅食应是一件快乐的事，开始宝宝不习惯，不要勉强，即使宝宝只吃了一口也是值得鼓励的，父母要把宝宝抱起来抚慰一番，并进行表扬。宝宝表示不愿吃时，千万不可强迫宝宝进食。慢慢地，宝宝会对吃饭越来越有兴趣的。

怎样选择辅食

一开始给宝宝添加辅食，并不只是为了满足宝宝的营养需求，

更重要的是让宝宝能适应除了奶以外的食物。刚开始给宝宝添加辅食，要选择成分温和、不容易引起过敏、百分之百天然、不添加盐分且容易吞食的食物，这就需要食物做得软、稀、细才行。如适当添加些新鲜的水果汁、蔬菜汁、米汤或加铁的稀释米粉都可以。

刚开始添加辅食，宝宝可以吃一些含单一成分的米糊或强化铁的米粉。农村家庭中没有现成含铁米粉的食材，可选用大米糊，因为米糊是过敏性最小、最容易消化、无刺激性味道的食物。米糊包含能为宝宝提供能量的糖类的浓缩成分，制作成与母乳相近的米糊，因其含有DHA、植物精华等成分，特别适合断奶初期的宝宝。

 挑选米粉的注意事项

现在市场上宝宝米粉种类繁多，一方面选择的余地大了，另一方面也给妈妈们挑选米粉带来了难度。一般来说，挑选米粉时，要注意以下几点。

1. 营养元素的全面性

好的米粉所含的营养物质丰富，含有18种氨基酸和其他人体所需的营养物质。因此，选择米粉主要看营养成分的标注，看营养是否全面，含量是否合理，如蛋白质、脂肪、糖类（碳水化合物）、热量、维生素、微量元素等。

2. 产品配方中蛋白质的含量

蛋白质对宝宝的生长发育很重要，只有蛋白质充足了，宝宝的各器官才能完全发育。一般来说，蛋白质含量达10％的米粉就可以满足宝宝的生长发育，而不用添加其他食物。

3. 米粉的外观

一般来说，颗粒精细的米粉易于宝宝消化吸收；米粉应该是白色，均匀统一，有香气；为块状或粉状；米粉要独立包装，这样既卫生，又不易受潮。

4. 米粉的阶段

米粉的选择也是根据宝宝的成长分阶段的。第一阶段是4-6个月的宝宝米粉，主要是添加蔬菜、水果、蛋黄，而不添加荤的食物，这样有利于宝宝的消化；第二阶段是针对6个月以上宝宝的米粉，这个阶段常会添加猪肉、牛肉、肝泥、鱼等，营养更加丰富，家长可根据宝宝的月份来选择米粉。

5. 米粉的配方

家长也可根据宝宝的需要挑选不同配方的米粉，如可交替选择不同配方的米粉，这样营养更全面、更均衡。

 调制米粉的方法

米粉是婴儿吃的第一种固体食物。混合喂养或人工喂养的婴儿从4个月开始接受米粉，可一直吃到宝宝1岁。对婴儿来说，米粉容易吸收、安全，不容易引起过敏。铁强化米粉含铁丰富，可以帮助宝宝补充体内已经匮乏的铁，预防贫血。米粉可当做一顿主食，喂完米粉后隔3~4小时再喂奶。下面介绍米粉的调制方法。

准备好消过毒的宝宝专用碗、筷子和小勺。1匙米粉加入3~4匙温水；放置一会儿，使米粉充分被水湿润，用筷子按照顺时针方向调成糊状，最初调制的米粉应该是稀薄的，随着宝宝月龄的增加，可慢慢增加米粉的数量和比例，以增加稠度。从每次喂1~2勺开始，宝宝适应以后，慢慢增加到3~4勺，每天喂1~2次。

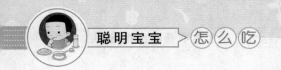

在冲调米粉时没必要再在米粉中加牛奶伴侣或糖等，因为这样做并没有增加营养，只是加浓了口味，反而很容易使宝宝养成挑食的坏习惯。

温馨提示

妈妈也可用菜汤调米粉，但应注意菜汤最好是不含盐分和调料的，以免影响宝宝还没发育好的肾。

不要把嚼烂的食物喂给宝宝

一些家长出于"爱"心觉得宝宝咀嚼功能不好，就将一些食物嚼烂后喂给宝宝吃，认为这样既避免饭菜烫着宝宝，又可以帮宝宝嚼碎食物，有助消化。其实，这样做会影响宝宝的健康。

1.成年人的口腔中存在着很多病毒和细菌，有的甚至患有口腔疾病。食物经成年人咀嚼后喂给宝宝，成年人口腔中的细菌、病毒就会乘虚而入，传染给口腔黏膜软、抵抗力弱的宝宝，有可能引起宝宝发生疾病，如呕吐、肝炎和结核病等，给宝宝造成严重危害。

2.咀嚼是消化食物的第一关。咀嚼不仅可以促使口腔分泌唾液使食物得到初步消化，而且还可以引发胃液的分泌，为食物进入胃内的进一步消化做好准备。但由于食物经成年人咀嚼后，不再需要宝宝咀嚼，同时也就失去了这一锻炼的过程，久而久之，不利于宝宝颌骨和牙齿的发育，也不利于唾液腺的发育，自然消化能力和吸收能力也就跟着降低，影响宝宝的食欲。

3.咀嚼需要颌骨带动面部肌肉不断地运动，有助面部的健美。吃成年人嚼过的食物，宝宝的咀嚼锻炼相对减少，也就直接影响到宝宝以后的容颜。所以说，宝宝吃别人嚼过的食物，有百害而无一利。

第二节 4-5个月，本阶段宝宝辅食推荐

 大米糊：适合肠胃功能较弱者

【原料】大米50克。

【做法】①将大米提前2个小时用水泡上，将水倒出。②将大米倒入搅拌器中磨碎。③把磨碎的米和400毫升水倒入锅中，用武火煮开后，再用文火熬煮30分钟。④用过滤网过滤，晾温后即可食用。

【备注】大米汤容易消化且不易过敏，无刺激性味道，非常适合刚开始添加辅食的宝宝食用。烹制时要用木勺不断地搅拌，避免粘锅。

 小米汤：清热解渴，健胃除湿

【原料】小米50克。

【做法】①将小米淘洗两遍，放入锅中加适量水，用大火煮开

后，改为小火。②煮至米粥上的清液有黏稠性，关火，闷10分钟左右。③晾温后，用勺取上面不含米粒的汤喂宝宝。

【备注】小米粥有"代参汤"之美称。多喝小米汤具有助消化、清热解渴、健胃除湿、和胃安眠的功效。

 ## 加铁米粉：预防宝宝贫血

【原料】米粉10克，温开水1杯。

【做法】①先将1匙米粉放入碗中，再加入3~4匙温开水，待静置。②用干净的筷子按照顺时针方向调成糊状，即可喂宝宝。

【备注】新妈妈们一定要购买知名品牌的米粉，因其质量安全有保证，最好购买含铁的米粉，可以预防宝宝贫血。

 ## 香蕉泥：生津止渴，润肺滑肠

【原料】香蕉1根，米粉1~2勺，母乳或配方奶2勺。

【做法】①把香蕉去皮，放入碗中碾成糊状。②把米粉和奶混合后，倒入香蕉糊中搅拌均匀。③可根据需要和宝宝的喜好，调节稀稠。

香蕉

【备注】香蕉泥具有生津止渴、润肺滑肠的功效。也可直接用小勺刮香蕉喂宝宝吃。切记不要给宝宝吃发黑的香蕉。另外，香蕉也不要在冰箱中存放。

鲜玉米糊：提高宝宝免疫力

【原料】新鲜玉米1个。

【做法】①先将玉米外衣扒掉，摘净玉米须，用流水冲洗干净。②用刀将玉米粒削下来，放入搅拌机中搅拌成浆。③用过滤网将玉米汁过滤出来，放入锅中煮成黏稠状即可。

【备注】玉米富含钙、镁、硒等30多种营养活性物质，能提高人体免疫力，还可以增强脑细胞活力，健脑益智。

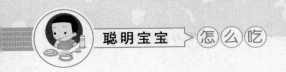

第三节 答疑解惑，本阶段宝宝喂养难题

 宝宝为什么不喜欢吃辅食

　　尽管这个月龄的宝宝大多喜欢吃乳类以外的其他食物，但仍会有辅食添加困难的宝宝。其实要解决这个难题，家长首先要分析宝宝不爱吃辅食的原因。一般来说，宝宝不爱吃辅食主要有以下几方面的原因。

　　1.母乳充足，根本吃不下辅食。

　　2.宝宝不懂得如何"吃"。宝宝会习惯性地用吸吮来进食，添加的果泥、米糊等辅食并不是用吸吮便能获取的，宝宝还不懂得如何将这种新食物吞下去。

　　3.辅食喂得太急太多，宝宝会吞咽不及，食物不断从口中溢出。

　　4.辅食不合宝宝口味。妈妈给宝宝长期吃一种口味的食物，宝宝吃腻了，缺乏新鲜感，易倒胃口。

　　5.间隔时间短，喂完奶不长时间就喂辅食，宝宝根本没有食欲。

　　6.方式不适应。喂奶时抱着宝宝，喂辅食时却让宝宝坐在小车里，或让其他人抱着而不是妈妈抱着。

怎样才能让宝宝喜欢吃辅食

根据前面的介绍，妈妈要根据具体情况对症下"药"，逐步改进辅食喂养的方法，掌握辅食喂养的技巧，让宝宝健康成长。

1. 有的宝宝是心理上不适应，不明白妈妈为什么不给奶吃而有情绪。建议这时可让家人替代母亲喂辅食，宝宝会容易接受。

2. 宝宝饥饿的时候先喂辅食再喂奶。要形成一定的规律，每天在固定的时间给宝宝添加辅食。

3. 喂辅食之前不要给宝宝吃任何带有甜味的食物和液体，防止宝宝食欲下降。

4. 当宝宝不懂得如何去"吃"时，家长要有耐心，要多给宝宝尝试的机会，并亲身示范教他吃。

5. 给宝宝添加的辅食要"量少，勤喂"，方便宝宝食用。在给宝宝喂完辅食后，要让宝宝休息一下，不要做剧烈的活动。

6. 对辅食拒绝或不爱吃的宝宝，多是味觉太敏感，对此家长要有耐心，适当创新食物种类，刺激宝宝的味觉，能有效增加宝宝的食欲。

如果宝宝实在不想吃辅食，也不要强求，更不能对宝宝不依不饶，否则会在宝宝的脑海中留下不好的记忆，下次宝宝可能会一口都不吃了，让辅食的添加更加困难。

 ## 宝宝的辅食可以放盐吗

吃盐有很多学问，婴幼儿更不能随便吃盐。营养学家指出，婴

幼儿饮食应以清淡为主，一定要控制宝宝的摄盐量。一般来说，1岁以内的宝宝辅食中忌放盐，1岁以后，可将食盐量控制在每天1克以内。

1岁以内的宝宝辅食中不需要添加食盐。因为1岁以内的婴儿肾功能还不完善，浓缩、稀释功能都比较差，不能排出体内过量的钠盐，摄入盐过多将增加肾脏负担，并养成孩子喜食过咸食物的习惯，长期下去孩子越来越不接受淡味食物，从而影响孩子味觉的敏感度，形成挑食的坏习惯，甚至会使成年后患高血压的风险增大。此外，摄入盐过多还是宝宝上呼吸道感染的诱因，因为高盐饮食可能抑制呼吸道上皮细胞的增殖，使其丧失抗病能力；摄入盐过多会导致口腔唾液分泌减少，影响锌的吸收，导致缺锌；1岁以内的婴儿每天所需的盐量还不到1克，母乳、配方奶、一般食物中的天然盐分足以满足宝宝的需求。

温馨提示

给宝宝制作辅食时，除不能放盐外，也不要放糖，不要加油脂和苏打粉。

如何给宝宝补铁健康又安全

宝宝体内的铁来自母体，仅供3-4个月宝宝的需要，所以宝宝4个月时，从母体获取的铁已消耗大部分，急需从食物中补铁。

早产儿、双胞胎、妈妈患有严重性缺铁性贫血，都可能使宝宝的储铁量少于正常宝宝。这些宝宝如果不及时添加含铁的辅食，就更容易缺铁。

宝宝每天排泄的铁比成年人多，尤其是出生两个月后，排出的铁多于摄入的铁，所以很容易造成缺铁的情况。

吃母乳的宝宝4个月以前一般不会缺铁，因为每1000毫升母乳约含10毫克铁质，虽含量少，但吸收率高。4个月以后，不管是母乳喂养还是人工喂养的宝宝，其发育所需的铁质母乳或配方奶已无法满足，还必须补充含铁质的辅食，以防缺铁性贫血。

食补是最安全的，所以应在4-6个月给予宝宝蛋黄泥，10个月给予宝宝鸡肝泥、瘦肉粥等，1岁以后则按照均衡饮食的原则给予各类食物。在天然食物中，有大量含铁的果蔬肉类可以通过添加辅食让宝宝获得足够的铁。含铁的食物主要有动物的肝、心、鱼、瘦肉、蛋黄等，植物性食品中有大豆、绿叶蔬菜、紫菜、黑木耳、南瓜子、芝麻等。初期，加铁的婴儿米粉是最佳的辅食，加米粉就不用加蛋黄了，虽然蛋黄是比较理想的补铁食物，但对于肠胃娇嫩的宝宝来说，加铁米粉比较好吸收。另外，补铁时需注意以下两点。

1. 饮食禁忌

高脂肪食物能抑制胃酸分泌，碱性食物如黄瓜、胡萝卜、苏打饼干等，可中和胃酸，不利于铁的吸收；而含有鞣酸的食物如菠菜、柿子等，能与铁结合形成难溶的铁盐，从而妨碍铁的吸收。

2. 用药禁忌

碳酸氢钠、氢氧化铝等碱性药物可中和胃酸，降低胃内酸度，不利于铁的吸收，因此不宜与铁剂同时服用。

 温馨提示

动、植物食品混合着吃，铁的吸收率可增加1倍，因为植物性食品中所含的维生素C能促进铁的吸收。

 ## 宝宝出现生理性腹泻怎么办

4~5个月的宝宝，正处于母乳不足、添加辅食的时期。由纯母乳喂养改为混合喂养，或由纯牛奶喂养改为牛奶和辅食混合喂养等，都会给宝宝的胃肠道带来挑战。宝宝的胃肠道要适应这些变化，就会呈现调节过程中的混乱。宝宝不会一直吃着母乳长大，也不会一直吃着牛奶长大，这种饮食构造的变化肯定要发生，而宝宝在食物改变过程中出现腹泻，这种腹泻称为生理性腹泻，也属于正常的生理过程。生理性腹泻的主要表现有三种。

1.每天从2~3次至8~9次不等，像糨糊一样，没有特殊臭味，色黄，可有部分绿便，或有奶瓣，尿量不少。

2.孩子有点虚胖，面部、耳后或发际往往有奶癣。

3.孩子尽管有些拉稀，但身体所吸收的营养物质仍然超过一般孩子。因此，这些孩子一边拉稀一边继续长胖，体重比同岁的婴儿还要重些，生长发育也不受影响，胃口好，不生病。

生理性腹泻不必断奶，也不必用止泻药。随着宝宝的长大，消化功能的健全，逐渐添加粥、面、鱼、菜泥等辅食，孩子大便就会慢慢正常。

第6章

5-6个月：宝宝喂养同步指导

5-6个月的宝宝可适时添加辅食，但不可以给宝宝着急断奶，母乳或配方奶仍是宝宝最好的食品，本月只给宝宝喂辅食，宝宝的营养会不全面。如果有的宝宝对辅食很感兴趣，可以酌情减少一次奶量。下面是满6个月宝宝体格发育的平均指标。

月　份	满6个月	
性　别	男宝宝	女宝宝
体重（千克）	8.5	7.8
身长（厘米）	68.8	67.0
头围（厘米）	44.1	43.0
胸围（厘米）	43.9	43.0

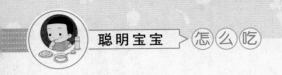

第一节 5~6个月，本阶段宝宝喂养要点

 本月喂养：乳类、辅食双管齐下

　　本月宝宝增长迅速，对营养的需求也在增加。本月宝宝的主食仍应以乳类为主，但必须添加辅食。因为单纯依靠乳类供给的营养已不能满足宝宝日益增长的发育需要，并且本月宝宝身体的发育已使他对乳类以外的食物消化吸收能力增强。原则上说，宝宝辅食添加不应早于4个月，晚于8个月，但在宝宝1周岁内，乳类仍是宝宝营养的主要来源。

　　母乳喂养的宝宝本月仍以母乳为主，按需哺乳，但也要逐渐延长喂奶间隔，减少夜间喂奶的次数。母乳充足的情况下，宝宝只要体重正常（平均每天增长15~20克），可以不着急增加辅食种类。母乳不足的宝宝可以加配方奶或其他辅食，以补充宝宝所需的营养。

　　本月人工喂养的宝宝不能因为宝宝能喝奶就无限量地增加奶量，每天的总量仍要控制在1000毫升以内，每次约喝200毫升，一天5次。如果无限制地满足宝宝的食量，很容易喂出肥胖儿。宝宝本月的体重增加与上月区别不大，喂养的量与上个月相比也相差不大，不要增加太多。宝宝可通过其他代乳品中的糖分来弥补因活动量大及其他原因多消耗的热能。

混合喂养的宝宝一定要保证每天乳类的摄入量。母乳不足的部分可通过配方奶或辅食来弥补。

本月宝宝大多还没出牙，因此辅食要切碎、煮烂才能消化吸收。要继续给宝宝补铁，尤其是出生时体重偏低的宝宝要添加蛋黄、鱼肉等食品，否则会出现贫血。含铁较高又易于宝宝有效吸收的食物是蛋黄。如果上个月已经每天给宝宝添加了1/4个蛋黄，这个月就可以

辅食要切碎、煮烂

每天增加到1/2个蛋黄了。消化很好的婴儿，又有铁不足倾向，也可以吃1个蛋黄。早产儿要赶上足月儿的生长发育水平，需要摄取更多的营养物质，因此早产儿要早添加辅食，而不是晚添加辅食。

 ## 自制辅食的七大注意事项

1. 干净清洁

制作辅食所用的案板、锅铲、碗勺等用具应当充分漂洗干净，用沸水或消毒柜消毒后再使用。为了避免交叉感染，最好能为宝宝单独准备一套烹饪用具。另外，妈妈在制作辅食前要洗手。

2. 选择原料

宝宝辅食的原料要安全、新鲜、优质。蔬菜、水果应尽量削皮，不能削皮的蔬菜、水果应用盐水或清水浸泡，以去除残留农药，再后用清水洗净。

3. 现做现吃

隔顿食物的味道和营养都大打折扣，且容易被细菌污染，因此不

要让宝宝吃上顿剩下的食物。尤其制备菜汁、碎菜或含菜食物时，无论生、熟均不能久置，不可留几个小时或过夜后再食用。

4. 单独制作

宝宝的辅食要求细烂、绵柔、清爽、易消化，应单独制作，不要与成年人食品混在一起制作。

5. 烹饪方法

制作宝宝辅食时，应避免长时间烧煮、油炸、烧烤，以减少营养素的流失，应根据宝宝的咀嚼和吞咽能力及时调整食物的质地，食物的调味也要根据宝宝的需要来调整，不能由成年人的喜好来决定。

6. 鸡蛋要煮熟

有的地区有吃半熟鸡蛋的习俗，认为有营养。其实，这是不对的，因为生蛋白含有沙门菌，对宝宝健康不利。

7. 不加盐或糖

食物本身就含有一定量的钠和氯，如果再加盐，对小儿而言，会增加肾负担。另外，很多食物本身就含有糖分，在给宝宝制作辅食时最好不要再加糖，以防宝宝养成爱吃甜食的习惯，且过多地摄取糖会导致肥胖。一旦养成高盐、高糖饮食习惯，终身难改，应尽可能控制。

 谷类、果蔬辅食的添加顺序

1. 谷物的添加顺序

谷类中以小麦最易引起过敏反应，应放在宝宝稍大些再添加。黑米有较多的纤维，不易消化，也应放在7个月以后再吃。给宝宝添加辅食，建议首先吃米粉类食物，如小米面等。米粉最不容易发生过敏反应，也便于贮存，蛋白质含量低，易于消化，是2岁以内尤其是长牙时期宝宝最可口的健康食品。开始稀释米粉最好用奶类或水，不要用果汁。

2. 果蔬的添加顺序

一般来说，水果和蔬菜的添加顺序是先从黄色到橘黄色，再到绿色和红色，即由浅色到深色。如水果从香蕉开始，然后是梨汁到淡黄色的苹果汁，最后吃红色的柑橘。又如蔬菜是先从黄色南瓜到红薯、橙色的胡萝卜或淡绿色的绿豆、豌豆，最后是暗绿色或深红色的蔬菜，如紫红萝卜或菠菜。因为后者含有较多的天然亚硝酸，宝宝的胃酸很低，不能抵抗过量的亚硝酸。亚硝酸过多还可能导致过多的氧进入血液，这对宝宝也是不利的。

 辅食添加初期，不宜吃五类食品

辅食添加初期由于宝宝消化系统发育不完善，妈妈在为宝宝准备辅食时，有些食品不应添加。一般来说，以下五类食品不宜食用。

1. 蛋清

受历代人的生活习惯影响，认为鸡蛋是最好的补品，殊不知蛋清中的蛋白分子较小，很容易通过肠壁直接进入血液，容易产生过敏反应。蛋清要等到宝宝满1岁才能给予。

2. 韭菜、苋菜

韭菜、苋菜等蔬菜中含有大量草酸，在宝宝体内不易被吸收，还会影响宝宝对钙的吸收，从而导致宝宝骨骼、牙齿发育不良。

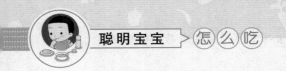

3. 菠萝

菠萝

菠萝中含有对人皮肤、血管都有刺激作用的菠萝蛋白酶等多种活性物质，宝宝食用后有可能出现皮肤瘙痒、四肢口舌麻木等过敏症状。

4. 花生

对花生过敏的宝宝，会引起面部水肿或急性喉咙水肿，严重的导致窒息而危及宝宝的生命。需要注意的是，如果宝宝对花生过敏，喂乳的妈妈也要忌食花生，否则会对宝宝产生不利影响。

5. 精米、精面

谷类、淀粉类食物很容易消化和吸收，且不易致敏，常常是宝宝的首选辅食。但有些过分注重营养的爸爸妈妈们常常会犯"过犹不及"的错误，为宝宝选精米、精面来做辅食。但精米、精面中缺乏维生素B_1，长期食用会导致口角炎和多种神经炎症，如脚气病等。

温馨提示

精细的谷类食物中B族维生素遭到破坏，会影响宝宝神经系统的发育，而且，还会损失大量的铬元素，长期食用会影响宝宝的视力发育。

第二节 5~6个月，本阶段宝宝辅食推荐

  蔬果泥：补充钙、铁及维生素

【原料】苹果50克，胡萝卜75克。

【做法】①将苹果和胡萝卜洗净去皮，切碎。②将胡萝卜放入开水中煮1分钟研碎，再用小火煮，并加入切碎的苹果，煮烂后即可喂食。

【备注】胡萝卜中含有丰富的胡萝卜素及糖类，还含有钙、铁、维生素C、B族维生素等多种营养素。

 红薯泥：宽肠胃，通便秘

【原料】红薯1个。

【做法】①将红薯洗净，放入锅中蒸熟或煮熟。②把熟红薯去皮压成泥，取适量红薯泥，用勺子喂宝宝吃。

红薯

【备注】红薯含有丰富的淀粉、膳食纤维、胡萝卜素以及钾、铁、钙等营养成分，其中赖氨酸的含量比大米和白面要高得多。具有宽肠胃、通便秘、补中和血的功效。

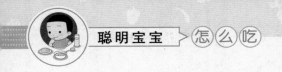
 ## 南瓜土豆粥：健脾开胃，助消化

【原料】大米20克，南瓜、土豆各10克。

【做法】①先将大米泡大约30分钟，煮熟后研碎。②将土豆、南瓜去皮、洗净后，放入锅中蒸熟，捣碎。③将大米粥和土豆南瓜泥混合，加入适量的开水，用小火煮2分钟即可，晾温后即可喂食。

【备注】土豆有"地下苹果"之称，易为宝宝消化吸收。搭配南瓜的香甜，还可以为宝宝健脾开胃。

 ## 枣泥粥：补铁、维生素的美食

【原料】干大枣5枚，大米或小米适量。

【做法】①先将干品大枣泡软，放入锅中蒸熟，晾凉后剥去枣皮，去掉枣核，再将枣肉碾成枣泥。②将大米或小米洗净煮成粥，放入枣泥，调匀喂食。

【备注】枣是补铁美食，维生素C的含量在果品中名列前茅，被称为"维生素王"，有宁心安神、益智健脑、健脾和胃的功效。

 ## 山药粥：健脾益胃，助消化

【原料】山药250克，大米或小米适量。

【做法】①将山药洗净、去皮，切成小方块。②洗净米，将米和山药同时放入锅中，加入适量清水，先用大火煮开后，再用小火煮，煮烂为止。③用小勺将山药块碾碎，即可喂食。

【备注】山药有健脾益胃、助消化的作用。新山药切时会有黏液，极易滑刀伤手，可以先用清水加少许醋洗，可以减少黏液。

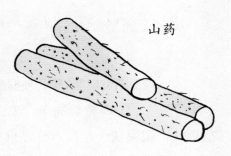

山药

牛奶麦片粥：防贫血，补钙质

【原料】配方奶15毫升，麦片10克。

【做法】①锅内加入适量的水煮开，放入麦片，将麦片煮烂。②将配方奶调制好，麦片从锅中捞出，加入配方奶中，搅拌均匀，晾温即可食用。

【备注】麦片是一种低糖、高蛋白、低脂肪的食品，含有钙、磷、铁等矿物质，能防止宝宝贫血，还是补钙佳品。

青菜糊：通肠道，防便秘

【原料】油菜250克，米粉100克，高汤、温开水各适量。

【做法】①将米粉用温开水调好，再加高汤，用火熬煮半个小时。②洗净青菜，放入开水锅内焯一下，使菜叶变软，再用刀切碎菜叶，加入煮好的米粉中，拌匀即可。

【备注】米粉可以补充糖类，青菜可以补充膳食纤维和维生素，两者搭配，能促进宝宝消化，还能润肠道，防便秘。

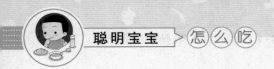

 鲜藕梨汁：防秋燥，解热毒

【原料】新鲜鸭梨1个，新鲜莲藕100克，冰糖少许，温开水适量。

【做法】①将鸭梨洗净，去皮、核，切成小块，将莲藕洗净，切成小块，同梨块一起放入榨汁机中榨成汁。用过滤网取汁，过滤掉残渣。②根据宝宝的喜好可加适量的温水稀释，冰糖可加可不加。

【备注】鸭梨能清热解暑，润肺生津；莲藕健脾开胃，通便止泻，两者搭配可预防秋燥。

第三节 答疑解惑，本阶段宝宝喂养难题

 哪些辅食适合本月宝宝食用

本月大多数宝宝还未长牙，咀嚼能力差，添加的辅食一定要少而烂，以适应宝宝的消化能力。这个月宝宝能接受的食物有米糊、营养米粉、烂粥、豆腐、菜泥、水果泥、蛋黄、鱼泥、动物血等。

1. 糊类和泥状类食物

本月宝宝仍适合米粉、米糊，冲调时可加入蛋黄、鱼泥等，以提高营养价值。本月宝宝也适合吃菜泥，最好选择新鲜深色的蔬菜，制作时将菜叶洗净剁碎，再放入蒸锅内蒸熟晾凉，喂给宝宝吃。

2. 新鲜水果

本月适合宝宝吃的水果有苹果、香蕉、梨等，将水果洗干净，可榨汁或用匙子刮喂。

3. 富含蛋白质的食物

蛋黄、动物血都含有较多的铁质和蛋白质，且易消化，是宝宝理想的食品。可将鸡血、鸭血、猪血隔水蒸熟，切成末，调入粥中喂给宝宝吃。本月宝宝还可吃一些鱼泥，鱼肉营养丰富，易于消化，可选择鱼肚上的肉给宝宝吃。

如何给过敏宝宝添加辅食

妈妈最好每次给宝宝尝试一种新的辅食。宝宝对某一种辅食过敏一般会在单独尝试几天后表现出症状。如几天内没出现不良反应，表明对这种食物不过敏。当怀疑宝宝对某一种辅食过敏时，也不必断然不让宝宝再吃这种辅食，可采取1周后重新喂一次的方法再确认一下。如确实宝宝又出现2~3次过敏反应，才可认定宝宝对这种食物过敏，以后要避开这种食物。

一般来说，以下制品可能使宝宝的过敏症状加剧，或者成为促发宝宝发病的过敏源，父母一定要留意。

1. 麦粉

宝宝吃麦粉就像我们成年人吃面条，吃米粉就像成年人吃大米，两者营养成分不一样，但也不能说哪一种更好。但麦粉中的成分较易引起过敏，而米粉则不容易导致过敏，所以4-6个月的宝宝喂辅食时尽量以米粉代替麦粉。

2. 牛奶或富含蛋白质的食物

妈妈应避免使用牛奶或富含蛋白质的食物，如乳酪、蛋糕，还有的宝宝对鸡蛋尤其是蛋清会过敏，蛋黄制品也尽量在6个月以后再添加。

3. 一些蔬菜

一些蔬菜也会引起过敏，如黄豆、扁豆、毛豆等豆类，木耳、蘑菇、竹笋等菌藻类，香菜、韭菜、芹菜等香味菜，过敏体质的宝宝食用时应多注意。

4. 海产品

海产品中含有大脑发育所需的多种营养素，其蛋白质也很优良，但海产品很容易引起过敏反应，如螃蟹、牡蛎、虾等。

此外，花生、巧克力等食材也易引起宝宝过敏。此时宝宝的肠胃功能尚不成熟，如果出现过敏反应，就不要喂引起过敏的食物了。但这些过敏食材并非永远不能吃，1岁半后宝宝的消化道及免疫系统发育也更加成熟，上述食材可以一次给宝宝吃一种，且要从少量开始，再仔细观察宝宝的反应，确定宝宝不再过敏就可安心添加了。

 温馨提示

宝宝食物过敏常出现的症状：胀肚、嘴或肛门周围出现皮疹、腹泻、流鼻涕或流眼泪、异常不安或哭闹。若出现上述任何现象，都应停止添加致敏辅食。

上班妈妈如何做好母乳喂养

许多妈妈在宝宝4个月或6个月以后，就得回单位上班了。但这并不是让宝宝断奶的最佳时期。那么，怎样才能继续母乳喂养呢？妈妈可以选择将乳汁储存起来，将挤出的乳汁装在容器内冷藏保存，由家人喂养。妈妈每天至少要泌乳3次(包括喂奶和挤奶)，建议在工作时间每3个小时挤一次奶。因为如果一天只喂奶一两次，乳房受不到充分的刺激，母乳分泌量就会越来越少，不利于延长母乳喂养的时间。对于上班族母乳喂养的妈妈，以下几点可供参考。

1. 让宝宝提前适应

在即将上班的前几天，妈妈就要根据上班后的作息时间，调整、

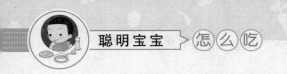

安排好哺乳时间。应尽量把喂辅食的时间安排在妈妈上班的时间。

2．上班时收集母乳

收集母乳

妈妈上班后，不宜轻易把母乳断掉。如果不能半途回家给宝宝喂奶，就上班时携带奶瓶，在工作休息时间及午餐时在隐秘场所挤乳，暂放冰箱里。如果单位没冰箱，就自己备个保温桶，放些冰块在桶的底部，用密闭的小杯子盛乳汁，再把小杯子放到保温桶里。

3．收集的乳汁该怎样喂哺

喂食冷冻母乳时，先用冷水解冻，再用不超过50℃的热水隔水温热，冷藏的母乳也要用不超过50℃的热水隔水加热。均匀温热后，合适的奶温应该与体温相当。给奶加热时应注意：①不要用微波炉加热或炉火加热，否则会破坏母乳的营养成分；②解冻的母乳不可再冷冻，只可冷藏，且必须在24小时内喝完，冷藏的母乳一旦加温后就不能再次冷藏了，需丢弃。

第7章

6-7个月：宝宝喂养同步指导

　　6-7个月的宝宝体格进一步发育，神经系统日趋成熟，差不多已经开始长乳牙了，但其主要营养来源还是母乳或配方奶，同时添加辅食。在喂养方面，因宝宝从母体中得到的储备铁已消耗殆尽，就要及时补充含铁丰富的饮食，如猪肝、蛋黄、猪血等。下面是满7个月宝宝体格发育的平均指标。

月　份	满7个月	
性　别	男宝宝	女宝宝
体重（千克）	8.75	8.13
身长（厘米）	69.8	68.1
头围（厘米）	44.2	43.1
胸围（厘米）	44.1	43.2

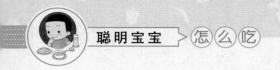
第一节 **6-7个月，本阶段宝宝喂养要点**

 本月喂养：母乳是主要营养来源

　　6-7个月，宝宝的主要营养来源还是母乳或配方奶，同时继续添加辅食。6个月以后，宝宝不仅对母乳或配方奶以外的其他食品有了自然的欲求，而且对食品口味的要求与以往也有所不同，开始对咸的食物感兴趣。这个时期宝宝已经记住了各种食物的味道，同时也对自己喜欢的食物表现出想吃的欲望。本月除了加些米粉、糕干粉、健儿粉类外，还可将蛋黄增加到1个。为预防宝宝营养性缺铁性贫血，还要添加含铁丰富的食物，如绿色蔬菜泥、豆腐、猪肝、猪血等。已经长牙的宝宝，可吃些饼干等，以锻炼宝宝的咀嚼能力，促进牙齿和颌骨的发育。

　　母乳喂养的宝宝，妈妈必须注意多吃含铁丰富的食物帮宝宝补铁。如果宝宝体重每天平均增加15克左右，就要给宝宝添加配方奶或辅食了，体重增长较多的宝宝，如吃辅食较好，可酌情减少一次奶量。

　　人工喂养和混合喂养的宝宝本月要适当控制饮奶量，因为这个阶段是肥胖儿的奠定期。每天喂的总奶量不要超过1000毫升，不足部分用代乳品来弥补。如果宝宝10天内增加体重保持在150~200克，就比较正常，如果超出200克就要对宝宝的饮奶量进行控制了。

本月应逐渐增加辅食量和种类，以补充维生素、蛋白质、糖、微量元素等。给宝宝喂辅食的时间也可灵活掌握，可根据宝宝的早晨起床时间、母亲的空闲时间、宝宝的午睡时间来定。上个月宝宝已适应大米粥、小米粥、面糊、蛋黄、菜泥等，本月宝宝已经长牙或快要长牙，可给宝宝吃些颗粒类的食物，以锻炼宝宝的咀嚼能力。本月可以给宝宝吃鱼（带白肉的鱼）、动物肝和肉末，但是不要买市场现成的肉馅。

该月龄宝宝食谱的安排可参照如下标准制订。早晨6点：母乳或配方奶180毫升；上午9点：蛋黄1个；中午12点：粥或面条小半碗，菜、肉或鱼占粥量的1/3；下午4点：母乳或配方奶180毫升；晚上7点：少量副食，配方奶150毫升；晚上9点：母乳或配方奶180毫升。

添加的辅助食物不能代替主食

奶类是4~8个月宝宝的主食，添加的辅助食物不能代替主食。本月辅食只是补充部分营养素的不足，不要追求辅食量，培养宝宝吃乳类以外的食物，为过渡到以饭菜为主要食物做好准备。

这个时期是半断乳期的开始，本月为宝宝添加的辅食是以含蛋白质、维生素、矿物质为主要营养素的食物，如蛋黄、蔬菜、水果、肉等，其次才是淀粉。所以，妈妈把喂了多少粥、多少面条、多少米粉作为添加辅食的标准是不对的。奶与米面相比，

其营养成分要高得多，如果由于吃了小半碗粥而使宝宝少吃了一大瓶奶，那是不值得的。

妈妈如果这个月乳汁分泌仍然很好，除了添加一些辅食外，没有必要减少宝宝吃母乳的次数，只要宝宝想吃，就给宝宝吃，不要为了给宝宝加辅食而把母乳浪费掉。如果宝宝在晚上仍然要吃奶，妈妈还是要喂奶，否则宝宝可能会成为"夜哭郎"。

总之，本月宝宝还是主要以奶为主，辅食主要通过吃蛋黄、绿叶蔬菜补充铁和蛋白质，通过吃新鲜水果、蔬菜补充维生素。

人工喂养的宝宝在每日奶量不低于700毫升的前提下，可喂一些代乳食品，比如馒头、饼干、肝末、动物血、豆腐等。本月辅食要在两次奶之间添加，妈妈要掌握一定的原则，宝宝喜欢吃辅食，也不能让宝宝吃个够，因为奶仍是本月宝宝的主要食物来源，不能因为添加了辅食而影响奶的摄入量。宝宝不喜欢吃辅食，妈妈也不能放弃，每天都要尝试着喂，争取让宝宝逐渐接受辅食。

 温馨提示

由于添加了辅食，到了喂奶时间，宝宝不吃，不要硬喂，可以往后顺延，下次要适当减少辅食量。另外，不要因为宝宝不爱吃辅食就不给宝宝喝奶。

宝宝生病期间不宜再添加辅食

有些父母认为，宝宝生病身体比较虚弱，应该让他多吃一些营养丰富的饭菜，如在饮食中多加鸡蛋来补充营养，希望宝宝尽快康复。其实，这样做不仅不利于身体的恢复，反而有损宝宝的身体健康。

因为当宝宝感冒发热或腹泻生病期间，消化功能紊乱，抵抗力低下，身体处于高度敏感的状态，若这时再添加新的辅食，会加重胃肠道的负担，极易引起过敏或胃肠道疾病，不利于患儿早日康复。正确的护理方法是鼓励宝宝多饮温开水。

添加新辅食一定要避开生病的时候。如果遇到生病，最好适当推迟添加。当病情较重时，原来已添加的辅食也要适当减少，待病愈后再恢复正常。如果宝宝想要吃东西，可以适当吃些水果、蔬菜及含蛋白质低的食物，但忌吃鸡蛋。

本月辅食添加的三大注意事项

1. 注意辅食添加量

辅食添加应从小量开始，逐渐增加。先添加米粉，再添加果汁、菜汁、蛋黄。米粉从 5 克开始，果汁和菜汁从10毫升开始，蛋黄从1/8个开始。先调成稀汁状，再到汁状，再到稀糊状和糊状。到本月末应该准备的辅食有米粉、菜汁、果汁、蛋黄、肝蛋白粉。

2. 不要追求标准量

妈妈在喂宝宝时，对辅食商品说明书上标注的喂养量不可机械照办。因为宝宝的饭量是有差异的，应该灵活地对待说明书上的推荐量。如果宝宝吃不了推荐的量，妈妈不顾宝宝的反抗硬是把食物往宝宝的嘴里塞，这是不科学的。其实，辅食添加的多少并不是太重要，只要宝宝健康成长，妈妈就可以宽心。

3. 营造良好的进餐环境

这个时期的宝宝，大多对奶以外的食品感兴趣。妈妈要耐心地做和喂，让宝宝快乐地进食，给宝宝创造一个轻松愉快的进餐环境。

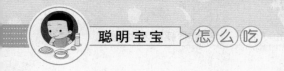

第二节 6-7个月，本阶段宝宝辅食推荐

 蔬菜猪肝泥：补充维生素和矿物质

【原料】胡萝卜5克，菠菜1棵，猪肝10克，奶50毫升，酱油适量。

【做法】①将胡萝卜洗净切碎，再用水煮软；菠菜只取叶，洗净后用开水焯一下切碎。②猪肝洗净，用水煮熟碾成泥状后，将胡萝卜、菠菜和猪肝一起放入锅内，加酱油1小匙用微火煮，停火前加奶。

菠菜

【备注】猪肝中含有蛋白质、脂肪、糖类、钙、磷、铁、锌、硫等营养物质。但猪肝是解毒器官，一定要洗净后再食用。

 胡萝卜鱼泥：有助大脑发育

【原料】鱼1条，胡萝卜1根，米粉、温开水各适量。

【做法】①先除去鱼鳞和内脏，清洗干净，整条蒸熟后去刺，将鱼肉碾成泥备用。②胡萝卜去皮、洗净，切成小块，用水煮软后碾成泥。③将适量的温开水倒入米粉中，再将做好的少量鱼泥连同胡萝卜泥一起拌在米粉里，搅拌均匀即可。

【备注】鱼肉中含有优质蛋白，容易消化吸收，有助于宝宝大脑发育。挑鱼刺时一定要认真对待，切莫大意。

肉糜粥：改善缺铁性贫血

【原料】鲜猪瘦肉10克，大米50克，料酒适量。

【做法】①将猪瘦肉洗净，用刀剁碎或放入绞肉机内绞2次，搅成肉末状，加料酒去腥炒熟。②洗净大米，加适量水煮成粥，将炒熟的肉末放入已煮稠的粥内，搅拌均匀即可。

【备注】猪肉是人类所需蛋白质和必需脂肪酸的主要来源，能改善缺铁性贫血，但小儿不宜多食，一周两次即可。

蛋黄米粥：预防宝宝夜盲症

【原料】鸡蛋1枚，大米70克。

【做法】①先将鸡蛋煮熟，取出蛋黄，碾成蛋黄泥。②淘洗大米，加水煮成粥，将蛋黄泥放入锅中煮开。晾温即可喂食。

【备注】蛋黄富含珍贵的脂溶性维生素，可以预防宝宝患夜盲症。此外，妈妈们还要注意观察宝宝是否对鸡蛋过敏。

鸡肉粥：有效补充氨基酸

【原料】大米50克，鸡肉30克。

【做法】①将鸡肉洗净，用大火炖熟后将肉撕碎剁成肉泥，取适量鸡汤待用。②将大米洗净蒸熟后，取适量的米饭和鸡肉放入鸡汤中同煮。③先用大火煮沸后，改为小火煮20分钟即成。

【备注】鸡肉的脂类物质含有较多的不饱和脂肪酸如油酸和亚油酸，能降低对人体健康不利的低密度脂蛋白胆固醇。

 ## 冬瓜排骨汤：防止宝宝肥胖

【原料】排骨汤300毫升，冬瓜100克，姜片适量。

【做法】①冬瓜去皮、籽、瓤，洗净，切片待用。②在排骨汤中加适量的水，放入冬瓜，大火煮5分钟后加入姜片改为小火炖15分钟，晾温饮之。

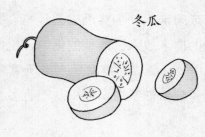

冬瓜

【备注】冬瓜含有多种维生素和矿物质，具有防止肥胖的作用，不仅适合宝宝食用，也很适合哺乳妈妈食用。

第三节 答疑解惑，本阶段宝宝喂养难题

 宝宝长牙时妈妈要做哪些准备

6个月左右，宝宝开始长牙了。这时宝宝的牙龈发痒，也是学习咀嚼的好时候。在这个时候妈妈能为宝宝做些什么呢？

1. 准备些小食品

很多妈妈认为细软的食品有助于宝宝的消化和吸收，所以只给宝宝吃细软的食品。实际上，如果宝宝长期吃细软的食物，咀嚼时用力小，时间也短，会影响牙齿及上下颌骨的发育，引起咀嚼肌发育不良、牙齿排列不齐、牙颌畸形和颜面畸形等症状。为了避免以上情况的发生，要提高宝宝的咀嚼能力，本月就要喂宝宝吃些粗糙耐嚼的食品，这样有利于颌骨的发育和恒牙的萌出。

平常的膳食中有很多可以用来"磨牙"的食物。如把馒头切成1厘米厚的片，放在电饼铛里烤一下；不要加油，烤至两面微微发黄、略有一点硬度，而里面还是软的程度——这就是很好的练习咀嚼的食物。一方面馒头决不会卡着宝宝；另一方面宝宝可以自己拿着吃，既增加了吃的趣味性，又练习了手眼协调能力和手指的灵巧性。

宝宝的幼嫩牙床能承受的面米食品、炖得较烂的蔬菜、去核去皮

的水果等，能有效帮助宝宝乳牙萌生及发育，并锻炼咀嚼肌，促进牙弓、颌骨的发育，从而促进宝宝牙龈、牙齿健康发育。

2. 无毒的咬牙胶

咬牙胶采用无毒软塑胶制成，内部为空心，较柔软，在乳牙尚未萌发出时使用，可减轻出牙时的不适和烦躁。有的特别设计了突出沟槽，具有按摩牙龈的作用；有的会发出奶香味或设计成水果型，比较受小宝宝的喜爱。不过，咬牙胶一定要保持清洁。

温馨提示

宝宝从6个月时开始长牙，基本上是每个月1颗，从宝宝长出第一颗乳牙起，就要多注意宝宝的口腔卫生，以利于宝宝牙齿的发育。妈妈可以用指套牙刷蘸取清水，清洁小乳牙的每一个面，也可用清洁棉棒、纱布进行擦拭。这样，不仅能洁齿，还能轻轻按摩齿龈，有利于牙龈的健康和牙齿的生长发育。

蛋黄可以加入配方奶中吗

在人工喂养的宝宝吃辅食以后，有的妈妈就把蛋黄加在配方奶里喂宝宝，认为这样既有营养，又方便。其实，这种做法是错误的。因为配方奶中含磷元素，而磷元素会妨碍宝宝对蛋黄中铁的吸收。

此外，除蛋黄外，其他的辅食最好也要和配方奶分开喂。因为配方奶是模仿母乳的成分制作的，如果在配方奶中加入蛋黄等辅食，相当于破坏了配方奶模仿母乳的成分，而且在配方奶中加辅食也往往会引起宝宝消化不良。

辅食对宝宝大便有什么影响

宝宝由于吃辅食，大便的色泽和性质都会有变化。宝宝吃了有色蔬菜和有色谷物时，大便会发生相应改变：如宝宝吃了绿色蔬菜，大便就会发绿；宝宝吃了西红柿，大便会发红；宝宝吃了动物肝或动物血，大便会成墨绿色或黑红色。

宝宝大便的性质也与食物有关：如宝宝吃了较多肉类或高钙食物，大便可能会发干；宝宝吃了纤维素含量高的食物，大便可能软或不成形；宝宝吃了寒凉的食物时，大便可能会稀。总之，宝宝大便不再像纯母乳喂养那样恒定了，妈妈要了解到辅食对宝宝大便有影响这一常识，不要宝宝大便一改变，就惊慌失措带宝宝去医院。

有的宝宝在添加辅食后会有大便带血丝的现象。这主要是因为宝宝在添加辅食后大便变得又干又硬，干结的大便在排出肛门时擦伤周围的黏膜，便出现了少量渗血的现象。如果宝宝体温正常，身体也没有其他异常，妈妈就不要紧张，可在宝宝的食物中增加绿叶类蔬菜的量。

如何保证宝宝每天的奶量

有的宝宝由于很喜欢吃辅食，辅食吃得多，配方奶喝得就少了；有的宝宝本月只喜欢吃辅食，即使妈妈不多喂他辅食，他也不爱喝配方奶。遇到这种情况，妈妈不能因为宝宝不吃奶就断掉宝宝的辅食，

但也不能只给宝宝喂辅食，还是要想办法保证宝宝每天的奶量，因为本月乳类食物仍是宝宝的主食。妈妈可以采取以下方法。

1. 尽量在睡前或刚醒来时喂奶，奶能喂多少就喂多少，可适当增加辅食量，通过肉、蛋、肝等来补充蛋白质，但一定要适量。

2. 试着把奶加入辅食中，如做馒头、包子、饺子、馄饨皮和面时放些奶粉，但不要让宝宝尝到很明显的奶味。也可以做含有配方奶粉的辅食，如牛奶面包粥、奶糕等。

第8章

7-8个月：宝宝喂养同步指导

　　7-8个月的宝宝活动能力变得很强了，必须添加辅食，以满足宝宝生长的需要。本月宝宝与饮食相关的个性也已表现出来，所以要让宝宝体会不同食物的味道，同时要补充菜泥、肝泥、肉泥、浓缩鱼肝油等营养丰富的食物。下面是满8个月宝宝体格发育的平均指标。

月　份	满8个月	
性　别	男宝宝	女宝宝
体重（千克）	9.35	8.74
身长（厘米）	72.6	71.1
头围（厘米）	45.3	44.1
胸围（厘米）	44.9	43.8

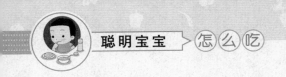
7-8个月，本阶段宝宝喂养要点

第一节 7-8个月，本阶段宝宝喂养要点

 本月喂养：补充营养素应"先锌后钙"

宝宝长到7个月时，有的已开始萌出门牙，有了咀嚼能力，同时舌头也有了搅拌食物的功能，对饮食也越来越多地显出了个人的爱好，喂养上也随之有了一定的要求。

本月仍以母乳和配方奶为主。但是因为母乳或配方奶中所含的营养成分，尤其是铁、维生素、钙等已不能满足宝宝生长发育的需要，乳类食品提供的热量与宝宝日益增多的运动量中所消耗的热量也不相适应，必须添加辅食，否则会引起营养缺乏性疾病。

出牙了

母乳喂养或人工喂养的宝宝在本月每天的奶量仍不变，但每天的总奶量要控制在750毫升左右，同时还要上午、下午各添加一顿辅食。此时宝宝已进入离乳的中期了，可增加半固体性的代乳食品，如馒头、饼干、动物血、豆腐等。

宝宝对食物的喜好在这一时期就可以体现出来，所以妈妈可以根据宝宝的喜好来安排饮食。如喜欢吃粥的宝宝和不喜欢吃粥的宝宝在吃粥的量上就应该有所不同，所以要根据个体差异制作辅食。不论辅食如何变化，但要保证膳食的结构和比例均衡。

生长发育快的宝宝，钙、铁、锌的需要量也随之增加。但切记不要把钙、锌放在一起补。钙和锌的吸收原理相似，同时补充容易使二者"竞争"，互相受到制约。补充这两种微量元素的顺序最好是"先锌后钙"，这样吸收效果更好；给宝宝补铁首选食补，在宝宝的日常饮食中多吃一些含铁食物，如动物肝、蛋黄、黑木耳等。与吃补铁食品相比，食补不仅易于吸收，还更加安全。

该月龄宝宝的食谱安排可参照如下标准制订。早晨6点：母乳或配方奶200毫升；上午9点：配方奶200毫升，蒸鸡蛋1枚，饼干2块；中午12点：肝末（或鱼末）粥一小碗；下午3点：配方奶150毫升，馒头1片；晚上6点：面条（加碎菜、动物血少许）；晚上9点：配方奶150毫升。

 温馨提示

本月宝宝的消化能力和吸收能力还不成熟，从有限的辅食中还得不到足够的营养。所以，牛奶还是宝宝最富营养的食品，是宝宝的主食，不要轻易减量。

补钙，宝宝要多吃奶及奶制品

钙是构成人体骨骼和牙齿的主要成分，且在维持人体循环、呼吸、神经、内分泌、消化、血液、免疫等系统的正常生理功能中起重

要调节作用。研究表明，人体神经细胞在代谢的过程中，蛋白质等的代谢所需要的多种酶和激素均需在钙离子的激活下才有生物活性。另外，补充足够的钙会增强神经组织的传导能力和收缩性，使宝宝的注意力更加集中，休息和睡眠时也能彻底放松，从而保持旺盛的精力和良好的情绪。

钙的来源以奶及奶制品为最好，奶类不但含钙丰富，且吸收率高，是补钙的良好来源。蛋黄和鱼、贝类含钙很高，蛋黄一般每百克含钙100毫克以上；泥鳅每百克含钙299毫克；蚌、螺每百克含钙达2458毫克，虾皮含钙也极高，每百克达991毫克；植物性食物以干豆类含钙量最高，尤其是大豆制品，最高可达每百克含钙1019毫克，一般含钙量也达每百克100~400毫克。

温馨提示

我国普遍存在喝骨头汤补钙的习俗，但实验表明，骨头汤中的钙含量很低。所以，正确的做法是用喝奶代替喝骨头汤，达到补钙的目的。

补铁，看看含铁食物排行榜

铁是合成血红蛋白的主要原料之一，乳制品中的含铁量较低，在宝宝的日常饮食中多吃一些含铁食物，给宝宝补铁首选食补，不仅易于吸收，还更加安全。含铁丰富的食物有以下几种。

1.动物肝

肝是预防缺铁性贫血的首选食品，其含铁量高，吸收率高，容易消化，而且不容易引起过敏，特别适合宝宝吃。猪肝铁的含量最高，每100毫克含铁29.1毫克，其次是羊肝含铁为17.9毫克，牛肝和鸡肝含铁量相对较低。

2. 鸡蛋黄

在人们的认知里，鸡蛋黄是最好的补铁食物，因为鸡蛋保存方便，又是常见食物，营养价值又高。但是鸡蛋黄的含铁量虽高，但吸收率较低，不过，从综合角度来看，鸡蛋黄还是不错的补铁食品。

3. 血豆腐

从古至今，血豆腐就一直是补血佳品。动物血的营养丰富，含铁量高，相当于猪肝中铁含量的10倍，但由于人体对铁的需求有一定限制，血豆腐含铁量太高不适合大量食用，故排名第三。

4. 黑木耳

黑木耳的含铁量仅次于血豆腐，每100克含铁98毫克，比菠菜高出30倍，比猪肝高出约5倍。但黑木耳的吸收率相比之下较低，且黑木耳有润肠作用，对肠胃虚弱的宝宝不太合适。

 ## 千万不能用米粉代替乳类

米粉是以大米为主要原料制成的食品。其中79%为糖类，5.6%为蛋白质，5.1%为脂肪及B族维生素等。

这个月龄的宝宝，如果母乳不足或牛奶不够，可以适量喂点米粉作为补充。但有些父母却只用米粉来喂养宝宝，这种做法对宝宝的健康是没有好处的。宝宝正处在生长发育的关键时期，身体最需要的是蛋白质，而米粉中含有的蛋白质不仅质量不好，含量也很少，根本不能满足宝宝生长发育的需要。因此，如果只用米粉类食物代替乳类喂养，就会出现蛋白质缺乏症。具体表现为：抵抗力低下，生长发育

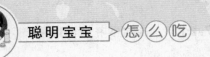

迟缓，影响婴儿神经系统、血液系统和肌肉成长；免疫球蛋白不足，容易生病。长期用米粉喂养的宝宝，体重并不一定减少，反而又白又胖，皮肤被摄入过多的糖类转化成的脂肪充实得紧绷绷的，医学上称为泥膏样，但身高增长缓慢。这类孩子外强中干，实际上并不健康，常患有贫血、肺炎、维生素D缺乏症、易感染支气管炎等疾病。因此，不能单纯用米粉代替乳类喂养宝宝。

 温馨提示

　　胰淀粉酶要在婴儿4个月左右才达到成年人水平，所以4个月之内的婴儿不应加米粉类食品。4个月以后适当喂些米粉类食品，但不能只用米粉喂养，即使与牛奶混合喂养也应以牛奶为主，米粉为辅。

注意提高宝宝的咀嚼能力

　　常有1-2岁孩子的父母抱怨：孩子嗓子眼细，吃点有渣的食物就呛着；孩子不爱嚼东西，食物的块稍微大一点便吐出来，或含在嘴里不咽。其实，这种行为是有原因的。

　　咀嚼功能发育需要适时生理刺激。最开始添加辅助食品时，宝宝还没有长出牙齿，因此，流质或泥状食物比较适合他们的胃肠道消化吸收，但是，吃这种流质或泥状食物时间不能过久。7-9个月的时候，是培养孩子咀嚼能力的关键期，给宝宝吃的辅食质地也应由软过渡到稍硬，可给宝宝准备一些半固体或固体食物，以提高宝宝的咀嚼能力，使宝宝的胃肠道逐渐向适应成年人固体食物过渡。而有的妈妈总觉得宝宝的胃口及吞咽能力有限，到7个月了还只给宝宝喂些米粉、菜汁、果汁、粥、香蕉泥等流质或泥状食物，反而这样会使宝宝错过发展咀嚼能力的关键期，就有可能出现上述情况。

咀嚼能力强，有利于宝宝胃肠功能发育，有利于唾液分泌，提高消化酶活性，促进消化吸收；有利于牙齿、大脑的发育，对宝宝日后的构音和语言发育也起重要作用；同时还可以预防肥胖。宝宝自己咀嚼食物，可提高智商，还可享受成功的心理满足，对培养宝宝自立、自强、建立自信心是十分必要的。

 添加辅食要有营养也要有耐心

添加辅食初期，每个宝宝的表现都不尽相同。有的宝宝刚开始不喜欢吃辅食，有的宝宝后来不喜欢吃辅食。但不管是哪种情况，家长都不要着急、抱怨，更不能认为宝宝有问题或是有病。辅食对宝宝来说是个新生事物，成年人对新事物都有个认识和适应的过程，何况是才几个月的宝宝。

在添加辅食初期，如果宝宝不是很愿意接受，妈妈就要耐心等待，慢慢尝试，不要急于求成，时间长了宝宝就会接受了。但如果操之过急，宝宝不吃辅食的情况就可能延续下去。

对于一开始就特别喜欢吃辅食的宝宝，妈妈也要掌握好宝宝吃辅食的量，一定要保证奶的摄入量，因为本月奶仍是宝宝食物的主要来源。

在给宝宝添加辅食的过程中宝宝常会出现不适反应，所以辅食添加一定要一种一种地添加，每添加一种新的辅食，家长都要

暂缓添加辅食

至少观察宝宝3天，看宝宝是否有不适反应。常见的不适反应有大便异常、恶心、呕吐、皮疹等。

宝宝出现不适，首先要停止添加引起宝宝不适的那种辅食。轻的不适，在停掉引起不适的那种辅食后，症状便会好转或消失。这也表示宝宝对这种辅食还不耐受，可过段时间再尝试添加。如出现呕吐、皮疹等症状较重的情况，就要带宝宝看医生。

不要给宝宝喝成年人饮料

宝宝每天必须补充水分，尤其在炎热的天气，出汗较多，水和维生素C、B族维生素丢失较多，有的家长习惯给宝宝喝饮料，或在吃饭的时候吃一口饭菜喝一口饮料，殊不知喝成年人饮料对宝宝的生长发育是有害的，饮料不仅会造成婴儿食欲减退、厌恶牛奶，还会使糖分摄入过多而产生虚胖，而且饮料中所含有的人工色素和香精也不利于婴儿的生长发育。以下几类成年人饮料不要给宝宝喝。

矿泉水：宝宝消化系统发育尚不完善，滤过功能差，矿泉水中矿物质含量过高，容易造成渗透压增高，增加肾负担。饮水机容易造成二次污染，也不宜使用。

兴奋剂饮料：如咖啡、可乐等含有咖啡因，对小儿的中枢神经系统有兴奋作用，影响宝宝大脑的发育。

汽水：汽水中含小苏打，可中和胃酸，不利于消化。胃酸减少，易患胃肠道感染。汽水还含磷酸盐，影响铁的吸收，也可成为贫血的原因。

茶水：小儿对所含茶碱较为敏感，可使小儿兴奋、心跳加快、尿多、睡眠不安等。茶叶中所含鞣质与食物中蛋白质结合，影响消化和吸收。茶可影响牛奶、蔬菜中铁的吸收，喝茶水后宝宝体内铁元素的吸收会下降，可致缺铁性贫血。

因此，婴幼儿以喝白开水为宜，饮法可少量多次，也可以喝适量的牛奶、豆浆和天然果汁。

第二节 7-8个月，本阶段宝宝辅食推荐

 ## 鱼肉山药饼：促发育，助止泻

【原料】三文鱼20克，山药、食用油各适量。

【做法】①先将山药洗净煮熟，切碎；将三文鱼煮熟切碎。②再将两者搅拌均匀，捏成饼状，在锅中放少许油煎一下即可。

【备注】三文鱼中含有丰富的不饱和脂肪酸，有增强脑和视力的功效。山药具有清热解毒之功效，所含的黏液有滋补作用，能助消化、止泻、祛痰。

 ## 豌豆蛋黄泥：抗菌消炎

【原料】鸡蛋1枚，嫩豌豆100克。

【做法】①将豌豆去皮、蒸熟，用勺子碾成泥状。②再将鸡蛋煮熟，取出蛋黄，压成蛋黄泥。③将两者混合后，搅拌均匀即可食之。

【备注】豌豆和含有氨基酸的蛋黄搭配

豌豆

可以明显提高其营养价值，其中豌豆含有青霉素和植物凝素，具有抗菌消炎的作用。

 火龙果泥：促进肠胃蠕动

【原料】火龙果1个，白糖少许。

【做法】①清洗火龙果，切开，取其中的一半，用勺子挖出果肉，半碗即可。②再用勺子碾碎，加入白糖，搅拌均匀即可食之。

【备注】火龙果营养丰富，而且低糖、无脂、低热量，能促进宝宝的肠胃蠕动，是缓解宝宝便秘的良品。

 蛋黄土豆泥：补充维生素、矿物质

【原料】土豆、鸡蛋各1个。

【做法】①将土豆洗净、去皮、切块、煮烂，碾成泥状。②将鸡蛋煮熟，取出蛋黄，压成泥。③两者混合，搅拌均匀即可。

土豆

【备注】土豆中含有大量的维生素A、维生素B_1、维生素C、维生素E及钙、铁等矿物质。

 芝麻酱粥：补充不饱和脂肪酸

【原料】大米、小米各50克，芝麻酱5克。

【做法】①淘洗大米和小米后，煮成粥。②再用温开水稀释芝麻

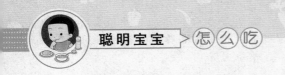

酱倒入粥中，调匀即可。

【备注】芝麻酱中蛋白质含量高于瘦肉，含铁量也较高，但吸收率不及肝。宝宝不宜多吃芝麻酱，以免引起便秘。

 ## 土豆汤：补脾益气，通利大便

【原料】土豆2个，高汤300毫升。

【做法】①土豆洗净、去皮、切块，再用搅拌机打成糊状。②将高汤煮开后，放入土豆糊，边搅边煮直到煮开后，改为小火煮5分钟，晾温即可食用。

【备注】土豆可以补脾益气，缓急止痛，通利大便。另外，土豆不仅含有大量的淀粉、蛋白质、维生素，还含有比米多3倍的铁。

第三节 答疑解惑，本阶段宝宝喂养难题

 助睡眠，宝宝睡前可以喂奶吗

生活中，很多妈妈为了让宝宝快点入睡，喜欢在宝宝临睡时喂奶；夜间宝宝经常哭闹，妈妈过于疲惫不愿意起来，习惯性地让宝宝吃奶入睡，其实这种喂奶方式是错误的，对宝宝的健康十分不利。

睡前不宜喂奶

1. 容易造成乳牙龋齿

睡眠时唾液的分泌量少，清洗口腔的功能相对减弱，加上奶水长时间在口腔内容易发酵，进而破坏乳齿的结构。所以，在吃完奶水后应再用一瓶温开水给宝宝吸两口，稍微清洗口腔内的余奶，起到保护牙齿的作用。

2. 容易发生呛奶

宝宝想要睡觉时，大脑意识不清，口咽肌的协助性不强，不能有效保护气管口，容易使奶水渗入造成吸呛的危险。

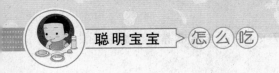

3. 会降低食欲

宝宝睡眠状态消化能力较弱，肚子内的奶停留时间较长，等宝宝清醒时不会有饥饿的感觉，所以会降低宝宝的食欲。

4. 养成被动的心理行为

人类因饿所以要吃饭，因冷所以要穿衣，因不了解所以要求知，因有需求才会去谋取，心理行为模式就是这样逐步发展而成的。现在的家庭中，宝宝从小一切都是被动地由大人准备妥当，连最基本的求食行为都未能完全具备，更何谈培养日后在社会中的主动进取心态呢？所以妈妈不要一味地给予，要使宝宝养成主动觅食的习惯，而非被动接受。

辅食添加过晚会有什么危害

国际上相关标准认为，添加辅食最晚不能超过8个月。如果辅食添加过晚，会给宝宝带来以下危害。

1. 营养缺失

随着宝宝一天天长大，活动量也在不断增加，需要的能量越来越多了。仅靠母乳提供能量已经满足不了宝宝的需要了，食物便成为宝宝能量的另一主要来源。如果不及时添加辅食，宝宝体内的糖类、脂肪、蛋白质、维生素和矿物质严重不足，导致身体发育缓慢，日渐消瘦，免疫力下降、缺钙、贫血，甚至智力低下，还可能因为抵抗力差而引发多种疾病，如贫血、维生素D缺乏症等，同时也增加了宝宝断奶的困难。因此，对出生4个月以后的宝宝要开始适当添加辅食。此时，宝宝的消化器官已逐渐健全，味觉器官也发育了，已具备添加辅食的条件。

2．咀嚼能力得不到锻炼

5-6个月的宝宝已经开始长牙了，针对固体食物，消化酶的分泌量已足够，宝宝的这些变化为将来过渡到成年人饮食做好了准备。固体辅食的添加有助于宝宝锻炼咀嚼能力。一些宝宝由于辅食添加过晚，养成了不经咀嚼就吞咽的习惯。而固体食物如果不经过咀嚼，不利于人体对食物的消化吸收，还会增加胃肠负担，宝宝容易出现消化不良和其他消化系统疾病。

3．养成偏食的坏习惯

半岁左右婴儿进入味觉敏感期，添加辅食的过程是宝宝对食物形态、质地、味道的学习过程，让宝宝由行动到心里乐于接受各种食物，自然就不会偏食。如果辅食添加过晚，等于剥夺了宝宝学习进食的机会，他就会从心里不愿意接受这种食物，从而养成偏食的习惯。

4．心理发育受到不良影响

辅食为宝宝断奶打下基础，断奶又称为"第二次母婴分离"，是宝宝心理成长的一个重要标志。辅食添加过晚，必定延迟宝宝断奶。心理学表明，断奶太晚的宝宝容易有恋乳、恋母情结，这样的宝宝往往胆小、孤僻、害羞、独立意识差、依赖性强，甚至影响宝宝的一生。

辅食添加过于杂乱有什么不好

很多妈妈看到宝宝可以吃辅食了，就将很多食物一股脑儿地给宝宝，想吃什么给什么，想吃多少给多少。

妈妈们可能不知道这样喂养宝宝不是爱而是害。因为宝宝的消

化器官毕竟还很柔嫩，不能操之过急，应视其消化功能的情况逐渐添加。如果任意添加会加重宝宝的肠胃负担，易导致消化不良，可能会引起腹泻、便秘、腹胀等疾病，造成营养不平衡；还有可能引起宝宝过敏，但因为事物的种类过多，无法确定过敏源，严重的会影响宝宝的生命安全；辅食添加过滥还会使宝宝养成偏食、挑食等不良饮食习惯。

辅食添加过于精细有什么不好

有些父母知道宝宝的消化系统发育尚未完善，肠胃娇嫩，过于谨慎，宝宝的牙齿都长出来了，给宝宝吃的各种辅食却过于精细。

父母这种过度的谨慎，不但使宝宝的咀嚼功能得不到应有的锻炼，也不利于其牙齿的萌出和萌出后牙齿的排列；而且食物未经咀嚼还会影响宝宝味觉的发育，进而也激发不起宝宝的食欲；食物不用咀嚼，口腔运动量不足，面颊发育同样受影响。宝宝长时间只吃精细食物，不会吃饭菜，制作稍有疏忽，宝宝就会恶心、呕吐，还会养成挑食的不良习惯。长期下去，宝宝不但身体的生长发育受到影响，大脑智力的发育也会受到影响。

第9章

8-9个月：宝宝喂养同步指导

8-9个月的宝宝生长迅速，需要全面均衡的营养。单凭母乳已无法满足宝宝的需要，所以这个时期要加大营养代乳品的比例，并多带宝宝做户外活动。下面是满9个月宝宝体格发育的平均指标。

月　份	满9个月	
性　别	男宝宝	女宝宝
体重（千克）	9.64	9.00
身长（厘米）	74.1	72.5
头围（厘米）	45.7	44.5
胸围（厘米）	45.3	44.2

第一节 8-9个月，本阶段宝宝喂养要点

本月喂养：逐渐实行半断奶

　　母乳喂养的宝宝一过8个月，即使母乳充足，也应该逐渐实行半断奶。原因是母乳中的营养成分不足，不能满足宝宝生长发育的需要。因此，在这个月里，母乳充足的不必完全断奶，但不能再以母乳为主，一定要加多种代乳食品。另外，也不要因为宝宝不爱吃辅食而把母乳断掉。母乳毕竟是宝宝很好的食品，不要轻易断掉。人工喂养的宝宝，此时也不能把配方奶作为宝宝的主食，要增加代乳食品，但是每天牛奶的量仍要保持在500~700毫升。

　　本月辅食比例要进一步加大，且要多样化。宝宝每天的饮食应包括四大类：粮食类，肉、蛋、奶等动物性食物类，豆制品类，蔬菜、水果类，以保证均衡合理的营养。辅食的性质还应以柔嫩、半固体为好，少数宝宝此时不喜欢吃粥，而对成年人吃的米饭感兴趣，也可以让宝宝尝试吃一些，如未发生消化不良等现象，以后也可以喂一些软烂的米饭。在宝宝每天奶量不低于500毫升的前提下，再次减少奶量，用两次代乳食品来代替。代乳食品可选择馒头、饼干、动物血等。宝宝满8个月后，可以把苹果、梨、水蜜桃等水果切成薄片，让宝宝拿着吃，香蕉、葡萄、橘子可整个让宝宝拿着吃。辅食的内容力求多样化，使宝宝对吃东西产生兴趣且营养均衡，在食物的搭配上要注意无机盐和微量元素的补充。

这个月宝宝可以自己把食物抓起来送到嘴里，妈妈要给宝宝自己抓握食物的机会，为以后用小勺吃饭做准备。

该月龄宝宝食谱的安排可参照如下标准制订。早晨7点：配方奶200毫升；中午12点：粥一小碗，菜末30克，鸡蛋1/2枚；下午3点：配方奶200毫升；晚上6点：粥多半碗，鱼末或肉末、豆腐各30克；晚上9点：配方奶200毫升。

抓食

本月要为宝宝补充DHA

DHA大量存在于人体大脑皮质及视网膜中，宝宝在3岁以前，大脑重量已达到成年人脑重的70%以上，DHA是大脑和视网膜发育必不可少的营养物质。尽管DHA能够在体内合成，但如果不能从食物中获取充足的不饱和脂肪酸，就不能合成DHA。

0-1岁是宝宝脑部发育的黄金期，宝宝的智力正以一日千里的速度增长。这一阶段父母一定要注意到这一客观事实：宝宝的脑部发育是单向发育，不可逆转的；宝宝的大脑在出生后头12个月发育的增长速度很快，而在18个月以后就只有18%了，增长速度大大减慢。如果错过了这个黄金期，宝宝中枢神经的发育基本定格，再补充任何营养只会事倍功半。因此，需要在这一阶段为宝宝的脑部发育提供高质量的营养。

母乳和婴幼儿配方奶中都含有DHA，DHA还存在于蛋黄、深

海鱼类、海藻等海产品中。含DHA较高的深海鱼类有金枪鱼、三文鱼、鳕鱼、沙丁鱼、青鱼等，淡水鱼类有鲫鱼、黄鳝、鱼卵等。

让宝宝自我进食的四大好处

当你发现宝宝开始伸手抓碗里的食物，然后填进嘴里，你是不是认为这是"没规矩"的？其实，这只不过是宝宝一种新的进食方式：自己用手抓东西吃，只要洗干净宝宝的手别无大碍，对宝宝来说还有一定的益处，是宝宝坐在餐桌前自己吃饭的第一步，妈妈在本月要多鼓励宝宝自我进食。

1. 训练宝宝手部灵活度

当宝宝用手抓东西吃时，在不经意中，宝宝就已经锻炼了手部运动，为宝宝以后用勺子或筷子进食做好准备，宝宝的双手就是这样越来越灵巧的。

2. 促进宝宝手眼协调

宝宝抓起食物再送到嘴里这个过程，需要手和眼的配合协调，同样，也是培养手臂肌肉协调和手眼平衡能力的最佳机会。

3. 避免养成挑食、偏食的坏习惯

食物对孩子来说，没有喜欢和不喜欢之说，只有认识和不认识的区别。如果反复接触，宝宝对食物越来越熟悉，慢慢便有好感，以致以后不会出现挑食的坏习惯。

4. 让吃饭变成一件愉快的事

让宝宝用手抓吃食物，是宝宝学习吃饭的必经过程，会给他带来愉悦感和成就感，并且促使他更喜欢学会自己动手进食，还可以让宝

宝认知各种不同的食物，从而让宝宝掌握事物的形态和特性。

 ## 不要让宝宝光喝汤不吃肉

　　7个月以后的宝宝，其消化能力已逐渐增强，能够进食鱼肉、肉末、肝末等食物了。可能有很多父母认为肉汤、鸡汤、鱼汤等是营养上品，荟萃了肉类的营养精华，又认为煮过汤的肉和鸡犹如中药被煎过后变成药渣一样，其营养成分已所剩无几，于是只给宝宝喂汤，不让宝宝吃肉。其实这是严重的误解。

　　肉类汤味鲜可口，但鲜美并非是营养丰富的标志。汤之所以鲜是因为煮后肉类中一些氨基酸溶于汤内。氨基酸是鲜味的来源，溶于汤中饮用后可直接被肠道吸收。然而，人体的重要营养成分——蛋白质，却并不能完全溶解于汤中。汤煮的时间越长， 被溶解的氨基酸相对越多，但是充其量不过占该肉总量的5%左右，换言之，还有95%的营养成分留在"肉渣中"。只喝汤不吃肉，这不是捡了芝麻丢了西瓜？

　　另外，以汤为辅食品主体喂养，孩子习惯了饮汤，很少食需咀嚼的辅食（固体类有渣食品，如肉或蔬菜），就使得孩子的咀嚼或吞咽的协调动作得不到足够训练。即使在牙已出齐的情况下，这些孩子也难将食物嚼碎，一吃固体物就恶心、呕吐，使父母误认为孩子的"喉咙太小"吞不下食物。长期如此便影响肠胃的消化和吸收，因为咀嚼动作还是胃肠消化液分泌的一个重要信号。营养物消化吸收不良与蛋

白质不足便导致孩子营养不良而生长迟缓。

光喝汤不吃肉的孩子还常常缺锌，因为锌是以与蛋白质结合的形式存在于肉类、蛋及乳类食品中的，它不能直接溶解在汤内，因此，只饮肉汤而不直接食肉会导致孩子缺锌。缺锌引起的味觉迟钝又使孩子食欲差，甚至厌食，结果蛋白质缺乏及缺锌之间形成恶性循环。更重要的是，锌是促进生长的重要元素，缺锌者常矮小，于是孩子的生长显著落后于正常饮食儿童。

因此，希望年轻的父母们再不要把"上汤"作为主要的营养佳品了，当孩子出牙后就应开始添加半固体食品，如肉末、菜末粥等以训练孩子多做咀嚼动作，促进消化道功能发育成熟，使孩子能吸收充足全面的营养，使宝宝健康成长。

本月灵活添加辅食的小方法

1. 灵活添加辅食

对孩子而言，没有千篇一律的喂养方式，添加辅食也是这样。在辅食添加过程中，父母不能机械地照搬书本上的东西，而要根据宝宝的饮食爱好、进食习惯、睡眠习惯等灵活掌握，不要过于机械。有的宝宝一天只能吃一次辅食，第二次辅食说什么也喂不进去，但能喝较多的牛奶，还吃母乳，这时妈妈就不能强迫宝宝一天一定要吃两次辅食。烹饪要合宝宝的胃口，饭菜要烂，不放食盐，不放味精、胡椒粉等刺激性调料。

2. 泥糊类食物换成固体食物

本月宝宝已经长牙，有了咀嚼能力，父母可以逐渐取消喂给宝宝泥糊类食物了，如果经常给宝宝一些软烂的食物，不让宝宝去咀嚼一些硬的、脆的食物，就会使宝宝的牙龈失去宝贵的练习时机。

本月可以给宝宝增加粗纤维的食物和硬食物，添加类似红薯、土豆之类的植物性根茎块类食物，注意要去掉过粗过老的部分。给宝宝吃一些硬食物对宝宝的牙齿发育有利，也能锻炼其消化系统。

 温馨提示

不同的食物应该分开喂，这样宝宝就能品尝到不同的食物味道，享受到进食的乐趣而养成良好的进餐习惯。

宝宝吃甜食的三大弊端

甜食对宝宝来说是抵挡不住的诱惑，但食用过多对宝宝的健康不利，主要有以下三大弊端。

1. 易引起宝宝肥胖

经常吃甜食，会使宝宝味觉灵敏度降低，引起维生素和矿物质的缺乏，导致出现厌食、偏食等不良习惯。而宝宝对甜食的喜爱超过甜食对食欲的抑制程度时，宝宝的食欲会大增，易出现肥胖。

2. 宝宝易产生龋齿

宝宝吃甜食后，口腔内残留的糖被分解发酵后产生酸性物质，使牙齿表面最硬的一层组织即釉质脱钙、软化而形成蛀洞即龋齿。所以，宝宝吃完甜食后，要及时清洁口腔，以减少发生龋齿的概率。

3. 影响宝宝视神经的发育

血液的酸碱度常受摄入食物种类的影响，当宝宝偏食而使血液呈酸性时，眼部组织的弹性和抵抗力会下降，容易形成近视；过多地摄

入甜食，会因缺钙而导致眼球下降促使近视发生；糖分过多，还会造成体内维生素B$_1$的不足，从而影响视神经的发育。

 ## 适当给宝宝吃点粗粮

很多妈妈出于对宝宝的爱，用细粮做成细软的食物给宝宝吃，认为这样有助于咀嚼能力不完全宝宝的消化和吸收，其实这是不正确的。食物过于精细，其中多种营养素已被破坏，无法满足宝宝的营养需求。7-9个月是宝宝咀嚼的关键期，长时间让宝宝吃这样的食物，咀嚼的时候用力小，时间短，会影响咀嚼肌、牙齿、下颌的发育，从而引起牙齿排列不齐、咀嚼肌发育不良。

一般来说，给宝宝添加粗的、硬的食物有时会遇到一些情况，比如吃什么就拉什么，大便中带着整块的菜叶、成块成粒、半干不稀的，次数也不固定，搞得全家心神不宁：这孩子是不是吃多了，是不是吃坏了，是不是消化不良了。其实大可不必担心，只要孩子不哭不闹，照吃照玩，食物未经消化就整个地拉出来了也算正常，只不过食物没能够起到营养的作用，只是充当了锻炼肠胃的训练器械，慢慢地等宝宝适应了"训练"，对吃进去的食物也能够完全地消化吸收了，大便的性状也就好转了。

所以，妈妈应及时、大胆地给宝宝添加固体食物。而且食物越是粗糙，对宝宝口腔、胃肠壁的力学刺激就越大，不仅刺激了牙齿的增长，还能促进肠胃蠕动，有助于增强消化功能，防止便秘。

现在人们的家庭条件越来越好，宝宝吃的东西是越来越丰富，但一定要符合宝宝的成长规律，在适当的时候，给宝宝适当吃一些粗粮对宝宝成长是有利的。

第二节 8-9个月，本阶段宝宝辅食推荐

胡萝卜番茄汤：防治儿童疳积

【原料】胡萝卜1小根，番茄1个。

【做法】①胡萝卜洗净去皮，切成小块，煮软研磨成泥。②番茄用开水略烫去皮，用榨汁机榨汁。③锅中放水，水沸后放入胡萝卜泥和番茄汁，用大火煮开后改小火至熟，晾温即可食之。

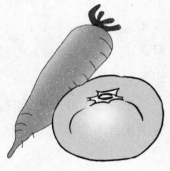

【备注】此菜所含胡萝卜素及矿物质是缺锌补益的佳品，对儿童疳积、缺锌性侏儒有一定疗效。

鲜虾肉泥：补充维生素、矿物质

【原料】鲜虾100克，香油适量。

【做法】①将虾去皮、去肠、洗净、切碎，放入碗中加少许水，用蒸锅蒸熟。②加入适量的香油，搅拌均匀即可喂食。

【备注】虾营养极为丰富，所含蛋白质是鱼、蛋、奶的几倍

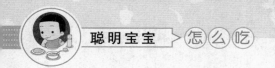

到几十倍；且其肉质和鱼一样松软，易消化。宝宝吃后，家长还要注意观察宝宝是否有过敏现象。

 ## 南瓜面线：宝宝补锌的上上之选

【原料】南瓜20克，小麦面线50克，高汤适量。

【做法】①将南瓜去皮，洗净，切块，放入蒸锅中蒸15分钟，放入果汁机中加适量的高汤，打成泥状。②煮开水，放入面线煮1分钟，捞出备用。③南瓜泥倒入锅中，边煮边搅，煮开时再用小火煮5分钟，加入面线煮开即可。

南瓜

【备注】南瓜味道甘甜，而且营养丰富，符合宝宝的进食要求，特别是含有丰富的锌，是宝宝身体发育的重要物质。

 ## 肉蛋豆腐粥：补充脂肪及优质蛋白

【原料】大米50克，瘦猪肉25克，豆腐15克，鸡蛋半个。

【做法】①将瘦猪肉洗净、剁为泥；豆腐洗净研碎；鸡蛋去壳，只取蛋黄搅拌。②将大米洗净，酌加清水，文火煨至八成熟时下肉泥，继续煮。③将豆腐蛋液倒入肉粥中，旺火煮至蛋熟。

【备注】豆腐、大米、鸡蛋、猪肉含有丰富的优质蛋白质和脂肪，猪肉还有补肾养血的功效。

肝泥粥：给宝宝补铁的上好佳食

【原料】猪肝50克，大米、小米各100克，白菜30克，葱末、姜末、酱油各适量。

【做法】①将猪肝洗净切成片，用开水焯一下，捞出后剁成泥。将白菜洗净切成细丝。②锅内放点油，下猪肝煸炒，加入葱末、姜末及适量的酱油炒透入味，随后加入适量水烧开。③再投入洗净的大米和小米煮至熟烂，放入白菜丝煮片刻即成。

【备注】此粥营养既全面又丰富，是宝宝的补铁佳食，不仅适合宝宝食用，妈妈也可以一起分享。

第三节 答疑解惑，本阶段宝宝喂养难题

宝宝不吃蔬菜家长该怎么办

蔬菜中含有丰富的维生素、叶绿素和植物纤维，是宝宝营养的主要来源之一，但是很多家长都反映自家的宝宝不吃蔬菜，偏爱吃肉，因而给宝宝吃蔬菜成了众多妈妈的难题。

蔬菜本身是非常美味的食品，那么宝宝不爱吃蔬菜的原因是什么呢？一方面可能是蔬菜本身的问题如菜太老、有怪味等；另一方面可能是宝宝受父母挑食的影响，或所选蔬菜品种有限等。

孩子不爱吃蔬菜并不是故意跟父母作对，只要父母能针对孩子的问题所在，采取恰当的方法，让孩子喜欢吃蔬菜并不难。

1. 父母要以身作则

父母要克服挑食偏食的习惯，带头多吃蔬菜，并表现出津津有味的样子，帮助宝宝养成良好的饮食习惯。千万不能在宝宝面前议论不爱吃什么菜、什么菜不好吃之类的话题，以免对宝宝产生误导。

多吃蔬菜

2. 父母要教育指导

对稍大点的宝宝，父母要多向宝宝讲吃蔬菜的好处和不吃蔬菜的后果，可以利用宝宝喜欢故事中的人物或动物，编成故事让宝宝吃蔬菜。

3. 要多选择一些蔬菜的品种

蔬菜的品种繁多，父母可以有意识地扩大家庭菜谱，增加蔬菜品种，并经常引入新的品种，如绿花菜、芦笋、紫甘蓝、番茄等。不仅可以让宝宝获得丰富的营养，还能养成进食多样化食品的良好饮食习惯。如果宝宝不喜欢吃其中某几种蔬菜，可以更换同类的蔬菜，如可用黄瓜、冬瓜代替丝瓜，用荠菜、菠菜代替菜心。

4. 改进蔬菜烹调方法

利用不同的烹饪方法，做出完全不一样的口感。同时要注意色香味俱全，这样才能让宝宝胃口大开。给宝宝烹调蔬菜前一定要有选择，先茎后叶，选择纤维相对较少的品种，并注意尽量切小、切碎，便于宝宝咀嚼。合理烹调的宗旨是保持蔬菜特有的色泽明丽和鲜嫩生脆的特点，增进宝宝食欲，如把蔬菜剁碎做成馅包在包子、饺子或小馅饼里给宝宝吃；把蔬菜榨成汁给宝宝喝，适当添加调料；把生菜和火腿混合在一起夹在三明治里面吃。

温馨提示

可以将宝宝不喜欢的蔬菜与荤菜同食，如有些宝宝不喜欢胡萝卜的气味，可将胡萝卜与肉一起煮，不仅味道好，而且有利于胡萝卜素的吸收，还可以将肉糜与土豆泥、胡萝卜泥混匀后制成肉丸子，做成红烧味。或萝卜与羊肉一起煮，都是好吃的菜肴。

 ## 宝宝食欲变差家长该怎么办

有的宝宝在这个阶段食欲突然变差，不爱吃东西了；有的宝宝变得挑食了，只吃辅食不吃奶粉，或只吃奶粉不吃辅食。妈妈常犯愁不已。

一般来说，这个阶段出现这种现象是正常的。只要宝宝身体好，体重正常，精神好，妈妈也不必大惊小怪，硬逼宝宝吃和以前一样的量，只要改善这种情况就可以了。每次吃饭时，只给固定的20分钟时间，宝宝不吃就撤掉饭菜；吃饭时可先喂辅食，再喂奶，一般喂奶量也不要超过100毫升。经过一段时间的调整，宝宝就会又爱上吃饭的。

 ## 怎样合理控制宝宝吃甜食

糖是三大产热营养素之一，是小儿生长发育必不可少的营养成分。一般来说，母乳、配方奶、谷物等食物中的糖分可以满足宝宝生长发育和日常生活的需要。家长控制糖分的摄入可以依据宝宝的月龄来定。

6个月以内的宝宝只能代谢乳糖、蔗糖等简单的糖，只需要母乳或配方奶，不用另外再添加糖分。6-12个月的宝宝，家长在添加辅食的过程中要严格控制糖分的摄入。

1岁以上的宝宝，消化功能增强，饮食结构逐渐和成年人趋于一致。家长只要注意让宝宝均衡摄入谷类、蔬菜、水果、肉类、鱼类等，就能保证宝宝糖的供给。对于糖果、甜饮料等高糖食品，可以偶尔少吃点，吃完后再食用粗纤维的食物，以减少糖在口腔中停留的时间，这样可显著地降低口腔中的酸度，从而减少龋齿的发生。

第10章

9-10个月：宝宝喂养同步指导

　　9-10个月的宝宝运动能力更强，饮食上逐渐调整为一日三奶两餐（辅食），一次水果，可以选择的食物也有很多，如粮食、奶、蔬菜、蛋、鱼、肉、豆腐可混合搭配，这些食物可以提供宝宝生长发育所需的营养元素。下面是满10个月宝宝体格发育的平均指标。

月　份	满10个月	
性　别	男宝宝	女宝宝
体重（千克）	9.92	9.28
身长（厘米）	75.5	73.8
头围（厘米）	46.1	44.9
胸围（厘米）	45.7	44.6

第一节 9-10个月，本阶段宝宝喂养要点

本月喂养：一定要加多种代乳食品

　　本月乳类仍是宝宝很重要的食物，母乳喂养的宝宝超过了8个月，即使母乳充足，但质量已经下降，应该逐渐实行半断奶。因此，本月母乳充足不必完全断奶，但不能再以母乳为主，一定要加多种代乳食品。人工喂养的宝宝，本月也不能把配方奶作为宝宝的主食，要增加代乳食品，但每天牛奶的量仍要保持在500~600毫升。

　　本月要继续给宝宝增加辅食，可常给宝宝吃各种蔬菜、水果、海产品，为宝宝提供维生素和无机盐，以供代谢需要。适当喂些面条、米粥、馒头、小饼干，以达到营养平衡的目的。经常给宝宝搭配动物肝以保证铁元素的供应。妈妈给宝宝准备食物不要怕麻烦，烹饪的方法要多样化，而且要细、软、碎，注意色香味的综合搭配。

　　宝宝第9个月时，消化蛋白质的胃液已经充分发挥作用了，所以可多吃一些蛋白质食物，如豆腐、奶制品、鱼、瘦肉末等。宝宝吃的肉末必须是新鲜瘦肉，可剁碎后加作料蒸烂再食用。

应该注意，增加辅食时每次只增加一种，当宝宝已经适应了，并且没有什么不良反应时，再增加另外一种。此外，只有当宝宝处于饥饿状态时，才更容易接受新食物。所以，新增加的辅食应该在喂奶前吃。

该月龄的宝宝食谱的安排可参照如下标准制订。早上7点：母乳或配方奶200毫升；上午9点：饼干3片，鲜果汁100毫升；中午12点：喂蛋花青菜面30克；下午3点：母乳或配方奶200毫升；下午7点：清蒸带鱼25克，土豆泥50克，米粥25克；晚上9点：母乳或配方奶150毫升。

 ## 吃好更要吃对，宝宝不宜吃的辅食

随着宝宝身体不断增长，营养需求的增多，相应地可以吃的食物种类也在增加，但以下几种食物宝宝不宜吃。

1. 汞含量较高的鱼

汞主要以甲基汞的有机形态积聚于鱼类中，而甲基汞可能会影响人类神经系统，婴幼儿更容易受到影响。所以，为宝宝选鱼类时，不要选择鲨鱼、剑鱼、旗鱼、鲶鱼、大眼吞拿鱼、蓝鳍吞拿鱼等含汞量高的鱼。

2. 海鲜类

海鲜类大部分都属于高蛋白类，容易引发婴儿过敏，如螃蟹、虾等带壳类海鲜，不宜在1岁以前喂食。

3. 不易消化的蔬菜

植物纤维太多较难消化的蔬菜不要给宝宝吃，如芹菜、竹笋和牛蒡等。另外，像韭菜、菠菜、苋菜等蔬菜含有大量草酸，在人体内不

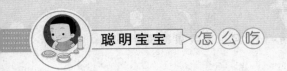

易吸收，并且会影响食物中钙的吸收，可能会导致宝宝骨骼、牙齿发育不良，因此，婴儿期的宝宝也不宜吃。

4. 易过敏的水果

容易过敏的水果主要有菠萝、芒果、水蜜桃、奇异果，3岁以前最好都不要给宝宝吃，以免引起宝宝出现皮疹、腹痛、腹泻等症状。芒果中含有一些化学物质，特别是不成熟的芒果还含有醛酸，对皮肤黏膜有一定的刺激作用，无论是成年人还是儿童容易引发口唇部接触性皮炎。

5. 加工过的食品

如奶油软点心、软黏糖类、巧克力糖、人工着色的食物。

 ## 给宝宝断奶的"八项注意"

断奶，无论是对孩子还是妈妈都是一件很残酷的事情，断奶是对孩子生理上的折磨，也是对妈妈心理上的折磨，有些伤感，还有些无奈。可从理论上讲，母乳虽然是宝宝最好的食物，但随着宝宝一天天长大，身体对各种营养素的需要越来越大，母乳的量及其所含的成分已不能满足宝宝生长发育的需要，断奶也是必然的事。

断奶

断奶的月龄并没有硬性规定，如果妈妈奶水多可多喂一段时间，一般到1岁左右断奶。如果妈妈奶水少，小儿又不愿吃奶制品或其他食品，则应早一点断奶，到了该断奶的时间，妈妈不要犹豫不决，否则不但会使宝宝对母亲产生过度的依恋心理，还会使宝宝换乳食品的正确添加受到限制，导致宝宝出现营养不良，影响宝宝体格、智力和心理等方面的发展。在给宝宝断奶时，要注意以下几点。

1．先做体检再断奶

准备给宝宝断奶时，要先让保健医生做一次全面体格检查。只有当宝宝身体状况良好、消化能力正常时才可以考虑断奶。

2．断奶过程要果断

在断奶的过程中，妈妈既要让宝宝逐步适应饮食的改变，又要态度果断坚决，不可因宝宝一时哭闹，就下不了决心，从而拖延断奶时间。也不可突然断一次，让他吃几天，再突然断一次，反反复复带给宝宝不良的情绪刺激。

3．逐渐减少喂奶次数

妈妈可以每天先给宝宝减掉一顿奶，辅助食品的量相应加大；过一周左右，如果妈妈感到乳房不太发胀，宝宝的消化和吸收情况也很好，就可再减去一顿奶，同时加大辅助食品量，逐渐向断奶过渡。

4．先减白天再减夜晚

刚减奶的时候，宝宝对妈妈的乳汁会非常依恋，因此减奶时最好从白天喂的那顿奶开始。因为，白天有很多吸引宝宝的事情，他们不会特别在意妈妈，但早晨和晚上宝宝却会特别依恋妈妈。

5．宝宝生病时不要断奶

宝宝生病时体质弱，食欲降低，此时断奶宝宝难以适应，不利于宝宝的康复和心理健康。

6．残酷的断奶方法会伤害宝宝身心

母乳带给宝宝的不仅仅是营养物质，还有妈妈带给他的信赖感和安

全感，因此，断奶千万不可采用仓促、生硬的方法。如让宝宝突然和妈妈分开，由于没给宝宝一个适应的过程就把奶断了，宝宝从心理上和身体上都接受不了，可能导致食欲缺乏，影响健康。有的妈妈在乳头上涂抹苦、辣等刺激物，宝宝会因为恐惧拒绝吃东西影响身体健康。

7．多花一些时间来陪伴宝宝

在断奶期间，妈妈要对宝宝格外关心和照料，并多花一些时间来陪伴他们，抚慰宝宝的不安情绪，切忌为了快速断奶躲出去将宝宝交给别人喂养。

8．爸爸帮宝宝度过断奶期

在准备断奶时，要充分发挥爸爸的作用，提前减少宝宝对妈妈的依赖。断奶前，妈妈可有意识地减少与宝宝相处的时间，增加爸爸照料宝宝的时间。

温馨提示

有的妈妈以为断奶了，就一点也不给宝宝吃奶了，尽管乳房很胀，也要忍。其实，这也没必要，宝宝可继续哺乳，出现乳房胀痛时，还是可以让宝宝帮助吸吮，能很快缓解妈妈的乳胀，以免形成乳核。

断奶的时机选择：冬夏不宜断奶

1．冬季不宜给宝宝断奶

一般来说，满10个月的婴儿就可以断奶了。但是，冬季是呼吸道传染病发生和流行的高峰期。此时断奶，改变了孩子的饮食习惯，使他在一段时间里会因不适应而挨饿，因而降低他的免疫力，若细菌或病毒乘虚而入，易发生伤风感冒、急性咽喉炎，甚至肺炎等。孩子得病后会更严重地影响食欲，抵抗力再次降低，如此反复，造成恶性循环，严重影响生长发育。所以，不宜在冬天给孩子断奶，应坚持到春暖花开之时再断奶。

2.夏季不宜给宝宝断奶

遇到炎热的夏季，妈妈就应推迟断奶时间。因为夏季气温高，会使机体新陈代谢加快，体内各种酶的消耗量增加，消化酶也会因此而减少，由于神经系统支配的消化腺分泌功能减退，消化液的分泌量也会因此而减少，最终导致食欲下降，饮食量减少，从而也影响营养素的吸收，使婴儿身体抵抗力减弱。另外，高温有利于苍蝇的繁衍，这增加了胃肠道传染病的发生概率，容易出现腹泻，因而影响婴儿健康，所以夏季不宜断奶。

如果妈妈乳汁充足，断奶以春秋两季为佳，这是因为天气凉爽时孩子容易接受全辅食喂养。例如，当宝宝10个月左右该断奶的时间正好在夏季时，最好稍微推迟到秋凉时。而对于一些本来就少吃或不吃母乳，多以配方奶粉为食的孩子来说，断奶比较容易，也不必太过拘泥于断奶的时机。

温馨提示

断奶选择春秋只是一般原则，根据各个地方的不同，当年气候的变化往往也会有所区别。如广州11月左右的气候比较适宜断奶。

第二节 9-10个月，本阶段宝宝辅食推荐

银耳百合粥：防治秋燥引起的咳嗽

【原料】大米50克，银耳、百合各10克。

【做法】①将银耳、百合洗净，发好，切碎后待用。②将大米淘洗干净后加水煮至粥熟。③加入银耳和百合继续煮，直到银耳和百合融化为止。

【备注】银耳滋润，百合润肺，能预防因气候干燥引起的咳嗽，特别适合宝宝秋天吃。

豆腐蛋粥：促进骨骼、脑部发育

【原料】豆腐50克，鸡蛋1枚，白粥1小碗，香油适量。

【做法】①将豆腐洗净后切成小块；鸡蛋打入碗中，搅匀。②锅内白粥兑入少量清水煮开后，放入豆腐丁，慢慢倒入鸡蛋液，用筷子搅动，煮至蛋熟，最后放入香油调味即可。

【备注】有腹胀、腹泻症状的宝宝切忌多食豆腐，否则会加重病情。此辅食还有益于神经、血管、大脑的生长发育。

玉米芋头粥：增加食欲，促进宝宝脑部发育

【原料】玉米粉100克，芋头80克，香油适量。

【做法】①将芋头去皮，洗净，然后切成小块，煮熟备用。②玉米粉加少量清水，倒入锅内，以大火煮沸后改小火，待煮至浓稠状。③倒入芋头，再放入香油，再次煮沸，调匀即可。

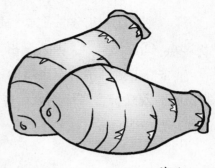

芋头

【备注】玉米丰富的蛋白质和核黄素能有效地帮助宝宝脑部发育，加芋头一起煮成粥，不仅口感酥软，而且颜色也很明亮，可以增加宝宝的食欲。

 ## 八宝粥：补血，养气，安神

【原料】大米、糯米、小米各20克，黄豆、绿豆、红豆各10克，大枣、桂圆各少量，冰糖适量。

【做法】①各种豆类浸泡一夜，米类浸泡半天，大枣洗净，干桂圆去壳待用。②所有材料加入适量水和冰糖，放砂锅中，大火烧开，小火煮到粥软烂黏稠即可。

【备注】八宝粥质软香甜，清香诱人，滑而不腻，具有补血、养气、安神的功效。喂宝宝吃时要注意枣核和桂圆核。

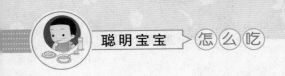

 ### 西红柿猪肝汤：健胃消食，养血明目

【原料】猪肝、西红柿各20克，高汤适量。

【做法】①猪肝洗去血浆，切小块；西红柿用开水略烫，剥去皮切小块。②高汤煮沸，加入猪肝、西红柿煮熟即可。

【备注】猪肝中含有丰富的铁质，是形成红细胞中血红素所必需的物质；西红柿含有纤维素、维生素C和番茄红素，二者搭配，健胃消食，养血明目。

 ### 香菇鲜虾包：促进宝宝生长发育

【原料】煮熟的鸡蛋1枚，香菇、虾、猪肉馅、自发粉各适量，调味料少量。

【做法】①将鸡蛋去皮，香菇洗净，虾去皮和肠、洗净，将三者混合剁碎后，拌入猪肉馅，加少量调味料制成馅。②事先和好自发面粉，醒30~60分钟，做成包子皮。包好包子，上屉大火蒸15分钟即可。

【备注】香菇有"素中之肉"的美称。香菇中还含有钙、铁、镁、磷、铜等多种矿物质，这些物质均对宝宝生长发育有益。

第三节 答疑解惑，本阶段宝宝喂养难题

 给宝宝吃蔬菜应避开哪些误区

误区1：苦瓜不经过沸水焯

苦瓜具有清热解毒的功效，是宝宝夏季不错的辅食，但是苦瓜中的草酸会妨碍宝宝对食物中钙的吸收。所以，先把苦瓜放在沸水中焯一下，去除苦瓜中的草酸，还可以去除些苦味，以防宝宝拒食。需要补钙的宝宝不要吃苦瓜。

误区2：香菇用水浸泡或洗得太干净

香菇有"植物皇后"的美誉，味道鲜美，香气沁人，营养丰富，富含B族维生素、铁、钾，香菇中含有麦角甾醇，在接受阳光照射后会转变成维生素D。但如果在吃前过度清洗或用水浸泡，则会流失很多营养。另外，不要用铁锅或铜锅煮香菇，以免造成香菇的营养损失。

误区3：熟韭菜存放过久

做好的韭菜如果存放过久，其中大量的硝酸盐会转变成亚硝酸盐，易引起毒性。所以，韭菜最好现做现吃。宝宝消化不良最好不要吃韭菜。

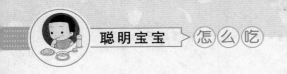

误区4：过量食用菠菜

菠菜中含有大量草酸，会与人体中的钙和锌生成草酸钙和草酸锌，不易吸收和排出体外，引起宝宝缺钙、缺锌，导致骨骼、牙齿发育不良。

 ## 如何对待偏食的宝宝

有的9个月宝宝出现了明显的偏食现象。这时妈妈可试着改变食物的花样来提高宝宝对食物的兴趣，如多增加一些菜的品种，或把菜切成泥加入粥中，或把食物做成宝宝喜欢的形状等。家长在吃饭时不要表现出对某种食物的偏好，也不要强迫宝宝吃某种食物。

对待宝宝在婴儿阶段的挑食，父母不要着急，因为大多数宝宝在婴儿期不爱吃的东西，而到了幼儿期就变得爱吃了。因此，对宝宝在婴儿期的偏食，只要适当做些努力就可以了，一定不要强制进行。从营养学的角度来说，一种营养素会存在于多种食物中，所以宝宝暂时不爱吃某种食物是不会造成营养失调的。

 ## 宝宝就爱吃肉该如何纠正

肉的营养丰富，味道很好，所以很多宝宝爱吃肉，有的宝宝甚至只爱吃肉，不爱吃菜。宝宝太偏好肉类而不吃其他食物，容易缺乏营养，所以为了宝宝的健康，必须纠正宝宝只爱吃肉的习惯。

1. 把肉切得尽可能碎一点，将肉和蔬菜混合放在一起长时间煮熬，使菜混合了肉的香气，这就容易提高宝宝对蔬菜的接受度。

2. 尽量给宝宝选择低脂的肉类，如鸡肉、鱼肉，而且在烹饪时尽量用少油的方式，如蒸或水煮等。

第11章

10-11个月：宝宝喂养同步指导

　　10-11个月的宝宝已经能够适应一日三餐加辅食，营养重心也从配方奶转换为普通食物，这一时期要注意宝宝能量的需要，能量是食物转化形成的。宝宝的能量消耗与成年人不同，除了基础代谢、动作活动、食物特殊动力作用的热能消耗外，还包括生长发育所需要的热能。下面是满11个月宝宝体格发育的平均指标。

月　份	满11个月	
性　别	男宝宝	女宝宝
体重（千克）	10.2	9.54
身长（厘米）	76.9	75.3
头围（厘米）	46.5	45.2
胸围（厘米）	46.2	45.1

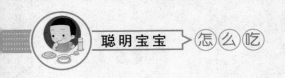

第一节 10～11个月，本阶段宝宝喂养要点

本月喂养：辅食由稀饭过渡到稠粥

10个月的宝宝仍以乳类为主要食品，母乳喂养的宝宝还可继续吃母乳，但要减少次数，用牛奶来代替。人工喂养的宝宝每天仍要保证500毫升左右的配方奶。

本月宝宝乳牙已经萌出4～6颗，有一定的咀嚼能力，消化功能也有所增强，宝宝已逐渐进入断奶后期。辅食的食物形态也可改变：可以由稀饭过渡到稠粥、软饭；由烂面过渡到挂面、馒头；由肉末过渡到碎肉；由菜泥过渡到碎菜。

稀粥

蛋黄

蛋羹

宝宝离乳后，谷类食品成为了宝宝的主食，热能的来源大部分也靠谷类食品提供。因此，宝宝的膳食安排要以米、面为主，同时搭配动物食品及蔬菜、豆制品等。随着宝宝消化功能的逐渐完善，在食物的搭配制作上也可以多样化，最好能经常更换花样，如小包子、小饺子、馄饨、馒头、花卷等，以提高宝宝进食的兴趣。

10个月的宝宝生长发育较以前减慢，食欲也较以前下降，这也是正常现象，妈妈不必担忧。吃饭时不要强喂，只要宝宝体重正常增加即可，否则易引起宝宝厌食。

该月龄宝宝的食谱可参照如下标准制订。早晨7点：粥一小碗，肉饼或面包一块；上午9点：母乳或配方奶150毫升；中午12点：煨饭（米、肉末、蔬菜各25克）；下午3点：牛奶100毫升，小豆沙包一个；晚上7点：烂饭一小碗，鱼、蛋、蔬菜或豆腐各适量；晚上9点：水果50克。

 合理搭配：营养重心转为普通食物

本月宝宝已经能够适应一日三餐加辅食，营养重心也从母乳或配方奶转化为普通食物，但家长要注意增加食品的种类和数量。只有合理搭配，宝宝的饮食才更具有营养价值。

1. 粗细搭配

可将粗粮和细粮搭配在一起，粗粮含有丰富的B族维生素，细粮口感好。

2. 米面搭配

可将面和米一起搭配，面食做法丰富，易促进宝宝的食欲，米可锻炼宝宝的咀嚼能力。

3. 荤素搭配

动物性食品是酸性食品，蔬菜是碱性食品，荤素搭配，有利于酸碱平衡，而且宝宝也更爱吃。

4. 深色蔬菜和浅色蔬菜搭配

一般深色蔬菜含有丰富的胡萝卜素、铁、钙等，同浅色蔬菜一起

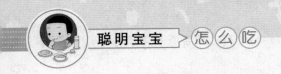

搭配营养价值更高。

5. 谷、豆类搭配

谷豆类食品都含有丰富的蛋白质，豆类食品还能补充谷类所缺少的赖氨酸。

温馨提示

对于体重增长过快的宝宝来说，让宝宝少吃主食，多吃水果、蔬菜，多喝水，是控制体重的好办法。这样既可以控制总热量的摄入，又能保证营养成分的供给。

妈妈成功断奶的几个小技巧

宝宝断奶，其实就是妈妈和他玩捉迷藏的游戏，若即若离。同时，要和宝宝经常沟通，不能让宝宝完全看不到妈妈而没有安全感。在生活中只要做到这些小技巧便可成功断奶。

1. 在宝宝醒来前先起床，让他没有机会或忘了爬到床上找妈妈。

2. 改变宝宝平时的生活作息，在宝宝通常要喝奶的时间，可以尝试带宝宝外出或玩游戏。

3. 当宝宝半夜醒来要喝奶时，由爸爸或其他家人喂宝宝配方奶。必要时，尝试由别人带宝宝睡。

4. 可以试着和宝宝沟通，告诉他"你也长大了，不用再喝奶水了"，多夸奖他。

5. 逐渐减少睡前哺乳的时间，可以用讲故事、唱歌等方式，转移宝宝的注意力。

6. 利用新奇的食物、点心或饮料，分散宝宝吸母乳的注意力。在宝宝面前不要穿着容易哺乳的衣服，也尽量避免在宝宝面前换衣服。

宝宝断奶不能断乳制品

有些妈妈认为宝宝断了母乳，就不用添加牛奶或配方奶等乳制品了，完全像成年人一样每天三餐吃。其实，断奶只是指宝宝从4个月开始添加辅食，逐渐地从以母乳为主过渡到以辅食喂养为主。因此，不能理解为断奶就是宝宝只要吃饭就行了。宝宝处于生长发育时期，对钙的需求量较大，断乳后就应该用牛奶或配方奶为宝宝提供最佳的钙来源，这是一种较为理想的喂养模式。

1. 宝宝的消化功能还不完善

由于宝宝乳牙没有出齐，摄取的食物还不能完全是需要咀嚼的食物，应该进食一定量的奶类。

2. 刚断奶的宝宝需大量的蛋白质

断奶后，失去了妈妈的奶水为他所提供的优质蛋白质。唯有奶类既含有优质的蛋白质，又能从摄食方式上适合刚刚断奶的宝宝。

3. 宝宝不能吃很多动物蛋白质

动物性蛋白质，如猪肉、牛肉及鸡蛋等都含有优质蛋白质，但对于刚刚断奶的宝宝来说，无论是咀嚼还是从胃肠的消化吸收来说，只能适量摄取，不能提供身体所需的全部蛋白质。

温馨提示

人工喂养的孩子不存在"断奶不要断乳制品"的问题，当宝宝以其他食物为主要食品时，相应地减少乳制品即可。

第二节 10-11个月，本阶段宝宝辅食推荐

 羊血羹：补充钾、钠、钙等矿物质

【原料】羊血50克，高汤、香菜各适量。

【做法】①将香菜洗净、切成末；羊血切成小块待用。②高汤加热，加入羊血块，煮沸后边煮边搅3分钟，加入香菜，关火即可。

【备注】动物的血营养十分丰富，含有大量的蛋白质、葡萄糖及钾、钠、钙等矿物质。

 胡萝卜玉米粥：消食化滞，健脾止痢

【原料】玉米渣50克，胡萝卜20克。

【做法】①先将胡萝卜洗净、切碎待用。②锅内倒适量的水，水煮沸后，放入玉米渣和胡萝卜煮烂即可。

【备注】胡萝卜性平味甘，有利膈宽肠、健脾除疳、益肝明目等作用。此粥能消食化滞，健脾止痢。

西红柿菠菜面：补充维生素、矿物质

【原料】西红柿1个，菠菜、豆腐各10克，细面条20克，骨汤、食用油、葱各适量。

【做法】①将西红柿用开水烫一下，去皮，切成碎块。菠菜叶洗净，开水焯一下去草酸，再切碎；豆腐洗净切碎；葱切碎待用。②锅内放入少许油，用切碎的葱花炝锅，倒入骨汤煮沸。将西红柿和菠菜叶倒入锅内，略煮一会儿，再加入面条，面条熟即可出锅。

【备注】西红柿含有丰富的胡萝卜素、B族维生素和维生素C。菠菜不仅含有大量的胡萝卜素，也是维生素B_6、叶酸、铁、钾的极佳来源。

菜花土豆泥：补充优质蛋白及维生素

【原料】菜花30克，土豆1个，肉末20克，食用油、胡椒粉各适量。

【做法】①菜花洗净，用开水焯熟后，沥干水分切碎；土豆洗净、煮熟、去皮，碾成泥状待用。②炒锅中加油，油热后加入肉末翻炒至熟，加入土豆泥、菜花和胡椒粉，搅拌均匀即可。

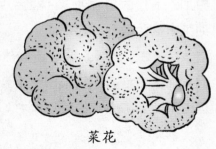

菜花

【备注】菜花中含有丰富的维生素C；土豆中含有优质的植物蛋白质和多种维生素；肉中含有优质的动物蛋白质，都是宝宝的营养必需品。

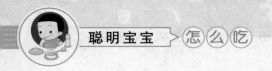

 紫菜饭：补碘，促进宝宝身体发育

【原料】熟米饭1碗，紫菜、熟芋头各10克，熟鱼肉20克，油菜少许。

【做法】①紫菜撕碎；鱼肉切碎；将熟芋头碾成泥；油菜洗净用水焯一下，沥干水分切碎待用。②将熟米饭倒入加水的锅中煮沸后，加入芋头泥、鱼肉、紫菜、油菜煮开后即可。

【备注】紫菜中含有丰富的B族维生素、维生素A、维生素E、烟酸，矿物质种类的含量丰富，其中补碘效果甚佳，有助于宝宝的生长发育。

 肉末软饭：营养均衡，助消化

【原料】鸡肉20克，熟米饭1碗，油菜1棵，食用油适量。

【做法】①将鸡肉洗净切成末，油菜洗净切成末待用。②在炒锅中加入适量的植物油，油热后放入肉末煸炒至熟。③再加入熟米饭和油菜末翻炒数分钟起锅。

【备注】米饭是宝宝所需热量的重要来源；鸡肉提供优质的蛋白质；油菜中含有粗纤维、维生素C、B族维生素，有利于肠道的消化。这道菜能训练宝宝的咀嚼能力。

第三节 答疑解惑，本阶段宝宝喂养难题

断奶时如何给宝宝制订出营养计划

断奶时期的宝宝，基本上饮食以辅食为主，却少了母乳的营养，父母要给宝宝制订出合理均衡的营养计划。这个时期的宝宝虽然有一定的消化能力，但断奶会给宝宝的心理带来一定的影响，进而影响宝宝的食欲，所以，断奶后，宝宝的饮食应以碎、软、烂为原则，喂以营养丰富、细软、易消化的食物，如主食可吃软饭、烂面条、米粥、小馄饨等；副食可吃肉末、碎菜及蛋羹等。切忌给宝宝吃辛辣食物；牛奶是宝宝每天的必需食物。除此之外，宝宝还需要添加的食物有以下几种。

1. 汁类

如菠菜汁、番茄汁等菜汁可以为宝宝提供叶绿素、纤维素、矿物质等多种营养素，纤维素还可以治疗宝宝便秘；苹果汁、橘子汁等果汁主要为宝宝提供大量的维生素C、水分及矿物质。不同的水果营养成分也不同，

要尽可能地给宝宝吃多样化的水果，均衡吃，避免长期吃1种。

2. 泥、糊类

菜泥、肝泥、肉糜、肉松、鱼松等，可用于补充蛋白质、铁和核黄素。其中菜汁、米汤、烂粥、肉粥、蛋羹等都可以在家制作，制作时要从食品的质量和宝宝营养需要出发。

3. 五谷类

小麦、大米、玉米、大豆、花生及混合豆科植物，如蚕豆、豌豆、扁豆等，含有丰富的蛋白质、脂肪和糖类。为提高蛋白质质量可以适当加些牛奶粉、鱼蛋白粉、蛋黄粉等，还应加入适量维生素及矿物质，并应注意去除那些不利因素。

温馨提示

宝宝刚刚断奶时，可能出现食欲下降的现象。此时不要强迫宝宝吃东西，尤其是不喜欢吃的食品。切忌吃粗糙不易消化的食品，以免导致腹泻。

如何读懂宝宝进食的肢体语言

10个月的宝宝还不能完全用语言来表达自己的感受，丰富的身体语言成为一种有力的表达工具。倾听宝宝的“体语”、读懂宝宝的“心声”，应该是所有年轻母亲须做的一道功课。如宝宝扁嘴是不高兴，想要人哄；宝宝噘嘴或打哈欠，是不耐烦想睡觉；宝宝向人伸手，是想抱抱或者要东西；宝宝转过脸或者用手推，是表示拒绝。妈妈仔细观察宝宝的肢体语言，对辅食的添加也有一定的辅助作用，相信以下一些“体语”解读会对你有所启发。

1.肚子饿时，宝宝会没精神，妈妈抱时会往妈妈怀里钻要吃奶；其他人抱时，会哭闹不停。

2.对食物感兴趣时，宝宝会兴奋得手舞足蹈，身体前倾并张大嘴。

3.当宝宝吃饱时，便会紧闭嘴巴，把头转开，此时妈妈停止添加辅食。

4.如果不饿，宝宝会面对食物紧闭嘴巴，把头转开或者干脆闭上眼睛。如果妈妈勉强和强迫给宝宝喂食，只会让宝宝产生反感，把享受美食当成痛苦。

温馨提示

此时的宝宝不能完全准确表达自己的饥饿感，如果碰到喜欢的食物他会特别兴奋，添加辅食过快过量，会加重宝宝肠胃负担，引起消化系统的麻烦。所以，妈妈一定要把好关。

宝宝断奶出现不适怎么办

1.断奶后的不适症状

断奶过程中，宝宝饮食结构发生了变化，随之而来的就是出现种种不适应，如果爸爸妈妈的准备工作做得不够充分，宝宝的身体必然出现不适应的症状。

（1）爱哭，没有安全感　母乳喂养不仅满足了宝宝身体发育的正常需求，还满足了宝宝正常的情感体验，已是宝宝生活中的习惯。一旦宝宝吃不到母乳，失去了在妈妈温暖的怀抱中感受到的安全感，便会用哭的方式来表达自己的失落感。

（2）日渐消瘦，体重减轻　如果强行断奶，宝宝情绪肯定会受到打击，又会拒食母乳之外的其他食物，每天摄入的营养不足，便会出现消瘦、面色发黄、体重减轻的症状。

（3）抵抗力差，易生病　由于爸爸妈妈没有做好充分的断奶前的准备，宝宝没有做到"自然断奶"，容易使宝宝养成挑食的习惯，比如只吃牛奶，不吃肉类、蛋类等食物，营养不够充足、全面会直接影响宝宝的正常发育，造成宝宝体质弱，抵抗力下降，容易生病，特别容易造成缺钙而发生维生素D缺乏症。

2. 不适症状的处理

让宝宝尽快适应断奶这个过程，是爸爸妈妈目前的首要工作，下面是几个宝宝因断奶而引起不适症的对策。

（1）循序渐进，辅食要多样化　每天只添加1～2种辅食，同时观察宝宝的反应。父母经常改变食物的做法和种类来刺激宝宝的味觉，达到吸引宝宝的兴趣。

（2）不要半途而废　有些妈妈看宝宝哭闹不停，心疼不已，便半途而废停止了断奶。每个宝宝断奶有这么一个过程，既然已经开始了，就要一直坚持下去。爸爸妈妈多抱抱宝宝，多陪伴宝宝，对宝宝情绪上多加安抚，直至宝宝的情绪稳定下来便可。

（3）用餐具喂宝宝　让宝宝使用餐具进食，不但可以转移宝宝的注意力，还增加宝宝的娱乐节目。当宝宝习惯用餐具进食之后，就会知道还有很多比母乳好吃的东西，慢慢地就会乐意接受新的食物了。

 ## 断奶期容易引起哪些疾病

断奶期宝宝的饮食发生很大的变化，加上爸爸妈妈断奶准备工作不到位，会给宝宝身体方面带来负面影响，就很容易引起各种疾病。

1. 营养失调症

营养失调症主要表现为宝宝的体重低于正常指数，精神萎靡、日渐消瘦、面色苍白、皮肤缺少光泽、食欲下降、大便溏稀、睡眠质量下降。

引起营养失调症的主要原因是断奶时宝宝饮食不当，方法不合理，使宝宝养成偏食、挑食的习惯，导致营养元素的摄取量不足。营养失调症可降低宝宝对疾病的抵抗力，易患感冒，而且因胃肠道的功能差而易引起腹泻，如不加以解决就会使宝宝变得越来越虚弱。因此，要及时带宝宝上医院，使宝宝尽快康复。

2. 消化不良症

10~12个月的宝宝肠胃消化功能还不健全，而断奶期宝宝要消化许多种类的食品，但消化系统的功能还不及成年人，容易引起宝宝消化不良。如果父母一时大意忽视餐具的消毒，就会引起宝宝消化不良。

因此，爸爸妈妈要精心照顾断奶期宝宝的饮食，给宝宝的饮食定时定量，又要挑选容易消化的食物，同时还要注意饮食卫生。如果一旦宝宝患了消化不良症，爸爸妈妈就要抓紧时间给宝宝进行调治。因为这种病症恢复起来要花很长的时间，而且还会造成宝宝体力的消耗。尤其在夏季或宝宝生病的时候，如果出现消化不良的症状，父母应该减少添加辅食，等到恢复以后再增加。

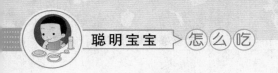

3. 维生素缺乏症

维生素缺乏症是营养失调症中较为常见的一种，由于宝宝以辅食为主，减少了母乳或牛乳的摄入量，会在一定程度上引起维生素的缺乏。这是宝宝饮食的质和量的不平衡，营养摄取不均衡所致。

解决宝宝维生素缺乏症，父母不要只偏重给宝宝吃含糖类多的主食类，还要给宝宝吃各种含营养丰富的食品，如肉、鱼、牛乳、奶酪、鸡蛋、蔬菜和水果等食品中含有丰富的维生素。更重要的是，要变着花样给宝宝吃，以防宝宝养成挑食的习惯，这样才能避免患有维生素缺乏症。

第12章

11-12个月：宝宝喂养同步指导

11-12个月的宝宝胃功能已明显增强，已经完全适应以一日三餐为主、早晚配方奶为辅的饮食模式。家长一定要注意保证宝宝饮食的质量。米粥、面条等主食是宝宝补充热量的主要来源，肉泥、菜泥、蛋黄、肝泥、豆腐等含有丰富的维生素、矿物质、纤维素，可促进新陈代谢，有助于消化。下面是11-12个月宝宝体格发育的平均指标。

月　份	满12个月	
性　别	男宝宝	女宝宝
体重（千克）	10.49	9.80
身长（厘米）	78.3	76.8
头围（厘米）	46.8	45.5
胸围（厘米）	46.6	45.4

第一节 11-12个月，本阶段宝宝喂养要点

 本月喂养：用代乳食品和牛奶喂养

快满1周的宝宝，乳牙已出7~8颗，有一定的咀嚼能力，胃功能增强，活动量增大，因此要逐渐减少喂奶次数，多摄入营养丰富的食品。母乳喂养的宝宝可断母乳，用代乳食品和牛奶来喂养。人工喂养的宝宝此时应减少牛奶的量，每天牛奶的量不超过500毫升。过度依赖配方奶或母乳，可能会导致营养摄取不足，甚至会影响发育。

11-12个月的宝宝可以每天早晚喂奶为辅、三餐喂饭为主，再慢慢转为完全断奶。宝宝出生之后是以乳类为主食，经过一年的时间要逐渐过渡到以谷类为主食。快满1岁的宝宝可以吃软米饭、面条、小包子、小饺子了。每天三餐应变换花样，使宝宝有食欲。

已经断了奶的宝宝，除了一日三餐可用代乳食品外，在上、下午还应该安排一次牛奶和点心，用来弥补代乳食品中蛋白质和无机盐的不足。

该月龄宝宝的食谱可参照如下标准制订。早上7点：宝宝配方奶100毫升，20克麦片；上午9点：饼干3片，豆奶100毫升；中午12点：猪肝炒花菜一碗，紫菜汤一份，烂饭35克；下午3点：鲜肉小馄饨一份，香蕉100克；下午7点：番茄鸡蛋面一份；晚上9点：牛奶220毫升。

温馨提示

　　大多数宝宝1岁左右就断奶了，但并不是说1岁左右就必须断奶。如果妈妈乳汁充足，在不影响宝宝对其他饮食的摄入，也不影响宝宝睡觉的情况下，母乳喂养可延续到1岁半甚至2岁。

只选对的：适当给宝宝吃些豆制品

　　一般豆制品是指黄豆制品。黄豆制品有黄豆粉、豆浆、豆腐、豆腐干、素百叶、素鸡、腐乳、黄豆芽。豆制品主要含有植物蛋白，黄豆所含的蛋白质是植物蛋白中最好的一种。黄豆内含有丰富的蛋白质(占39.9%)、脂肪(占17.2%)及无机盐，其中80%的铁可以利

黄豆

用。黄豆内的蛋白质主要是大豆球蛋白，氨基酸与酪蛋白的氨基酸相似，仅赖氨酸、缬氨酸较低，但仍是植物蛋白中最适合宝宝营养需要的一种。

　　黄豆经过加工后可提高蛋白质的吸收率。给宝宝适当喝些豆浆，对宝宝的身体是有好处的。豆浆含有大量的黄豆蛋白、多种必需氨基酸和必需脂肪酸，有利于促进宝宝的生长发育和保护心血管等功能。另外，还能给宝宝补充钙、铁、B族维生素等。各种用豆制品制作的菜肴，也是宝宝餐桌上不可缺少的，如猪血豆腐汤、猪肝泥豆腐羹、碎菜蛋花豆腐汤、鱼肉豆腐羹等，味美可口，实为宝宝喜食的佳肴。

温馨提示

　　宝宝过量食用豆腐易引起腹胀、腹泻等，影响肠道正常吸收营养，从而阻碍宝宝的生长发育；过量食用豆腐还容易使体内缺铁、缺碘，而体内缺铁、缺碘就会影响宝宝的智力发育。豆腐最好与鱼、肉、蛋搭配在一起，做成宝宝爱吃的菜肴，这样既可避免铁、碘从体内过多地排出，还可弥补豆腐中缺乏氨基酸，可谓一举两得。

 ## 吃蛋有节：婴儿最好只吃蛋黄

　　鸡蛋、鸭蛋营养丰富，均含有丰富的蛋白质、钙、磷、铁和多种维生素，是很好的滋补食品，对宝宝的生长发育也有一定的益处，可适量食用。但宝宝过多食用蛋类则不利，甚至会带来不良的后果。

　　有些家长为了让宝宝长得壮，就千方百计地给宝宝多吃鸡蛋。这种心情是可以理解的，但不能吃得过多。因为宝宝胃肠道消化功能发育尚不成熟，各种消化酶分泌较少。如果1岁左右的宝宝每天吃3个或更多的鸡蛋，就会引起消化不良，并发生腹泻。有的宝宝由于吃蛋类过多，使体内含氮物质堆积，引起氮的负平衡，加重肾负担，导致疾病。

　　营养专家认为，婴儿最好只吃蛋黄，而且每天不能超过1个；1岁半到2岁的幼儿，可以隔日吃1个鸡蛋(包括蛋黄和蛋白)；年龄稍大一些后，才可以每天吃1个鸡蛋。另外，如果宝宝正在发热、出疹，暂时不要吃蛋类，以免加重胃肠负担。

11-12个月，本阶段宝宝辅食推荐

小白菜鱼丸汤：补充营养，强壮筋骨

【原料】鱼丸4个，小白菜3棵，高汤100毫升。

【做法】①鱼丸切碎；小白菜洗净、切碎。②用大火将高汤煮沸，放入鱼丸再次煮沸后，加入小白菜煮5分钟即可。

【备注】鱼丸中含有优质蛋白，小白菜含有丰富的维生素和纤维素，搭配混合在一起，易于宝宝吸收，强壮筋骨，摄入更丰富的营养。

柳叶面片：补充B族维生素

【原料】面粉200克，西红柿1个，鸡蛋1枚，植物油少许。

【做法】①先将面粉和好，揉匀，擀成大薄片，切成1厘米宽的条，再斜切成2厘米的条，呈菱形。②鸡蛋打匀；西红柿洗净去皮切块待用。③锅中放油加热，倒入鸡蛋翻炒1分钟后，加入西红柿。④炒至七成熟后，加水至沸后，加入面片煮熟即可。

【备注】面粉中含有食物粗纤维、钙、锌、B族维生素，营养丰富。一次可以多做些面片，晾干后装入保鲜袋中，放入冰箱冷冻待用。

 ## 虾仁鸡蛋面：使宝宝的营养更全面

【原料】面粉100克，鸡蛋1枚，虾仁10克，菠菜、香油各少许，高汤适量。

【做法】①将鸡蛋打开只取蛋清，与面粉和成稍硬的面团，擀成条状后切成薄片。②将虾仁切成小丁；菠菜洗净，用开水焯一下，捞出沥干水分后切碎，备用。③在高汤中放入虾仁，待汤烧开后下入刀切面，煮熟烂，淋入鸡蛋黄，再加入菠菜末、香油即可。

【备注】虾仁和鸡蛋含有丰富的蛋白质，面粉中含有糖类和淀粉，菠菜中含有维生素和叶绿素。食物的混合搭配使其营养更加全面，有助于宝宝的生长发育。

 ## 鸡肉白菜饺：营养均衡，助发育

【原料】鸡肉末、圆白菜、芹菜各50克，鸡蛋3枚，饺子皮、高汤、植物油、酱油各适量。

【做法】①将鸡肉末放入碗内，加入少许酱油拌匀；圆白菜和芹菜洗净，分别切成末；鸡蛋搅拌均匀，炒熟，并搅成细末。②将所有原料拌匀成馅，包成饺子，放入加高汤的锅中煮，稍煮片刻后，加少许水，再煮。重复2次即可。

芹菜

【备注】鸡肉中含有动物蛋白，白菜和芹菜中含有植物纤维，鸡蛋营养全面，都有助于宝宝的生长发育。特别适合不喜欢吃米饭和粥的宝宝食用。

 ## 蔬菜饼：清热利尿，润肺止咳

【原料】西葫芦、胡萝卜、西红柿各5克，鸡蛋1枚，面粉50克，植物油适量。

【做法】①将西葫芦、胡萝卜洗净，去皮，擦成丝；西红柿去皮切丁；备用。②将鸡蛋打入面粉中，搅拌均匀，再加入西葫芦丝、胡萝卜丝、西红柿丁拌匀。③锅中放入油加热，倒入搅匀的蔬菜面粉，两面煎至黄色即可。

【备注】西红柿、胡萝卜、鸡蛋营养都很丰富，西葫芦皮薄、肉厚、汁多，而且有清热利尿、润肺止咳的功效。

第三节 答疑解惑，本阶段宝宝喂养难题

宝宝不爱吃肉家长该怎么办

好多宝宝不爱吃肉，如鱼肉、瘦肉和鸡肉都不吃，牛奶也不喝，只爱吃青菜，很多家长担心怎么样才能保证他能摄取足够的蛋白质。而肉类中蛋白质、必需氨基酸充足，接近人体有利于消化吸收，是间质蛋白质。间质蛋白质、必需氨基酸不平衡，主要是胶原蛋白和弹性蛋白，这些在牛奶或者其他食物中都是无法摄取的，因此家长不能任由宝宝不吃肉。宝宝不吃肉的原因有很多种，解决的办法如下。

1. 改善宝宝的食欲

如果宝宝因为食欲不佳而不吃肉，建议妈妈们可以做些药食同源的食物，如大枣、山药、白扁豆等能改善肠胃的消化吸收。如不见好，可以在医生的指导下，吃些改善食欲的小儿药物。

2. 提高烹饪技术，改变口味

肉类本身就含有油，不利于宝宝消化，所以，肉类不要做得太油腻，特别是肉汤要去掉浮油；用葱、姜、蒜或料酒去除腥味；洋葱煮烂同牛肉或排骨做菜，能提高食欲；炒菜时，爆香大蒜能使菜味香美，同样能提高食欲。

宝宝不爱吃肉，可能是因为肉太烂，容易塞牙而不愿吃。妈妈可以用熘肉片或氽肉片的方法，使肉变得鲜美可口，松软易嚼。

温馨提示

不要给宝宝多吃肥肉，因肥肉以脂肪为主，如宝宝食用过多的肥肉，就会导致体内产热过剩，易埋下肥胖症的祸根；吃后易产生饱腹感，会影响宝宝的进食量；高脂肪的肥肉还会影响宝宝对钙的吸收。

3. 父母要以身作则

宝宝的饮食习惯受父母的影响非常大，父母不要在宝宝面前发表不吃荤菜的理由，不要在餐桌上批评荤菜。父母要为宝宝做出榜样，为了宝宝的健康，改变和调整自己的饮食习惯。

温馨提示

上下餐之间的饭菜尽量不要重样，如上顿饭吃肉，那下顿饭就吃青菜。

 断奶后宝宝易出现哪些饮食错误

给宝宝断奶后饮食发生了变化，为了保证宝宝每日的营养摄入量，有的妈妈在宝宝断奶后饮食上常犯以下错误。

1. 只吃菜少吃饭或只吃饭少吃菜

给宝宝添加辅食，有的父母认为多吃菜，营养丰富宝宝身体才会健康，于是给宝宝吃大量的蔬菜、鱼肉、猪肉等，但主食如面条、米粥、面点之类添加得较少。有的父母因宝宝不喜欢吃菜给宝宝添加的主食多而蔬菜少。这两种做法都违反了膳食平衡的科学原则，不利于宝宝的健康发育。

2. 用汤泡饭

有的父母认为炒菜或炖菜时，菜中的营养都流入汤中，会使汤水的营养丰富，还能使饭变软一点，因此总给宝宝吃汤泡饭。其实不然，首先汤里的营养只有5%~10%，更多的营养还是在菜里，宝宝并没有吃到多少营养。长期用汤泡饭，还会造成胃的负担，容易使宝宝得胃病。

3. 用水果代替蔬菜

有的宝宝不爱吃蔬菜，大便干燥，于是父母就用水果代替蔬菜，以为这样可以缓解宝宝的便秘。这种做法是错误的，因为蔬菜中，特别是绿叶

蔬菜中含有丰富的纤维，可以保证大便通畅，促进矿物质、维生素的摄入。而水果中并没有纤维，所以用水果代替蔬菜，并不能使宝宝的

便秘像想象中那样被治愈。

4. 断奶后饮食正常，但仍在吃奶糕

奶糕的营养成分主要是糖类，和稀饭相似，是从母乳到稀饭的过渡食品。宝宝断奶后可以吃粥之类的食物，就要停止吃奶糕。如果长期给宝宝吃奶糕，不仅不利于宝宝牙齿的发育，还会阻碍咀嚼能力的培养。

 如何让宝宝更好地吃水果

对快满 1 周岁的宝宝来说，吃水果时，通常只要削了皮就可以给宝宝吃了。家长不需要像以前一样把水果弄碎后再给宝宝吃，因为宝宝尝到了嚼食果肉的快感后，就不喜欢吃那种弄碎的水果泥了。

让宝宝爱吃 水果

对宝宝来说，水果无所谓更好或更合适，只要是应季水果，既新鲜又好吃，价格也适中，它就是好的。如番茄、草莓洗干净了就可以给宝宝吃。西瓜、葡萄要去掉籽后，才能给宝宝吃。苹果的果肉有点硬，需要切成薄片给宝宝吃。梨、香蕉、桃等也都可以给宝宝吃。香蕉、菠萝、无花果等水果，对患有便秘的宝宝，很有益处，能有效缓解宝宝的便秘症状。

温馨提示

　　通常不主张给宝宝吃罐头水果，因为它在维生素C的含量方面，与新鲜的水果相比差得很多。不过，在宝宝发热没有食欲的时候，它也是一种方便、适宜的食物。

第13章

1-2岁：宝宝喂养同步指导

　　1-2岁的宝宝大部分已逐渐断了母乳，与大人一起正常吃一日三餐了，有了一定的咀嚼能力，但咀嚼能力还是比较差的，消化吸收功能也没发育完全，虽可咀嚼成形的固体食物，但还是要吃细、软、烂的食物。家长要根据宝宝的实际情况，为宝宝合理安排好一日三餐的均衡营养，使食物多样化，从而促进宝宝的进食兴趣和全面的营养摄取。下面是1-2岁宝宝体格发育的平均指标。

月　份	满1.5岁		满2岁	
性　别	男宝宝	女宝宝	男宝宝	女宝宝
体重（千克）	11.65	11.00	13.19	12.60
身长（厘米）	84.0	82.9	91.2	89.9
头围（厘米）	47.8	46.7	48.7	47.6
胸围（厘米）	48.1	47.0	49.6	48.5

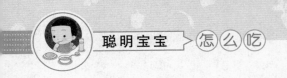

1~2岁，本阶段宝宝喂养要点

第一节 1~2岁，本阶段宝宝喂养要点

1~1.5岁喂养：吃些细、软、烂的食物

宝宝1岁多时，乳牙还没有长齐，咀嚼能力和消化功能还比较差。虽然可以咀嚼成形的固体食物，但依旧要吃些细、软、烂的食物。应根据宝宝用牙齿咀嚼固体食物的程度，为宝宝安排每日的饮食，以便让宝宝从规律的一日三餐中获取均衡的营养。

虽然宝宝已经满周岁，但奶仍是宝宝最重要的食物之一。尽管一些动物性食品，如鱼、蛋、肉等，也含有蛋白质，但是宝宝消化系统尚不完善，不易将鱼、蛋、肉等食物中的营养全部消化、吸收，而奶营养丰富，特别是富含钙质，利于宝宝吸收，所以，最好每天给宝宝喝一定量的奶，这样既可满足宝宝所需的蛋白质、钙，又具有益智的功效。但牛奶或奶粉的量可以逐渐减少，每日300~400毫升就可以了。具体的量，父母可根据宝宝吃鱼、肉、蛋的量来决定。因为宝宝吃这些食物越多，相对喝牛奶的量就越少。父母在这方面要合理搭配，既不能因为宝宝爱喝牛奶而减少吃鱼、肉、蛋的量，也不能因为宝宝喜欢吃鱼、肉、蛋而减少喝牛奶的量，最好两者之间形成互补，这样更有利于宝宝的成长。

从1岁开始，家长要逐渐培养宝宝个人的饮食习惯，以便适应日后的成年人饮食。因此，父母们不要过多干涉宝宝们的饮食，而是要保护宝宝先天的食物选择能力，不要给宝宝喂食烧烤、火锅、腌渍、辛辣等刺激性食物，最好选择蔬菜、鱼肉、低盐、少油的清淡饮食。

宝宝的主要食物应为米粥、软饭、挂面、面包、馒头、包子、饺子、馄饨、牛乳、豆浆等。宝宝大多喜欢面食，米、面、麦片、小米、玉米、薯类轮流交替则更好。辅食以菜、肉搭配为佳，如以菜肉末做肉丸、嫩菜叶炒肉丁或虾仁、清蒸鱼片、肉末蒸蛋等易被宝宝嚼碎吞咽的食物。菜、肉、蛋混合做煨饭、煨面也为宝宝所喜爱。此外，还应多采用豆腐、干丝、素百叶、油豆腐、素鸡等豆制品和鸡鸭血及虾皮、紫菜、海带等富含铁、锌、钙的海产品。点心则可选择藕粉、大枣、赤豆粥或饼干、蛋糕、面包、菜肉包子及糕点配豆浆或牛乳。饭后可进食一种时鲜水果。总体上应注意荤素平衡，干湿搭配，米面搭配，粗细搭配。

一般一天进主餐3次，点心上、下午各1次，晚饭后除水果外可逐渐做到不再进食，以预防蛀牙。夏季可适当喝1~2次饮料以补充水分，但不可大量饮用，以免影响正常进餐。每天可吃少量糖果甜食，但切忌饭前吃，以免影响食欲。

该年龄段的宝宝食谱可参照如下标准。早上7点：牛奶220毫升，鲜肉小包子3个；上午9点：饼干5片，鲜果汁100毫升；中午12点：蛋花青菜面一份；下午3点：豆奶220毫升，甜橙80克；下午7点：清蒸带鱼25克，土豆泥50克，米粥25克。

 ## 1.5-2岁喂养：不能完全吃成年人的食物

宝宝到1.5岁时，随着其消化功能的不断完善，饮食的种类和制

作方法开始逐渐向成年人过渡，以粮食、蔬菜和肉类为主的食物开始成为宝宝的主食。不过，此时的饮食还是需要注意营养平衡和易于消化，不能完全吃成年人的食物。

给宝宝做饭时要将食物做得软些，早餐时不要让宝宝吃油煎的食品，如油条、油饼等，而要吃面包或饼干、鸡蛋、牛奶等，每天的奶量最好控制在250毫升左右。在奶量减少后，每天要给宝宝吃两次点心，时间可以安排在

下午和晚上，但不要过多，否则会影响宝宝的食欲和食量，时间长了还会引起宝宝的营养不良。

该年龄段的宝宝食谱可参照如下标准。早上7点：牛奶200毫升，稠粥1小碗，肉松适量；上午9点：鲜橘1个；中午12点：花卷75克，大米粥半小碗，碎土豆肝泥一份；下午3点：牛奶180毫升；晚上7点：软米饭50克，鸡蓉翡翠汤一份。

宝宝奶粉转换：用10天左右更换奶粉

宝宝1岁以后，需要从配方奶粉升级到幼儿成长奶粉，以满足宝宝对营养的需求。但这时宝宝的适应能力还较弱，所以奶妈最好不要给宝宝突然更换奶粉，以免宝宝出现肠道不适。正确更换奶粉的做法是：最初的几天每天喂一次新奶粉，宝宝没有不适反应，每天再喂两次新奶粉，观察宝宝有没有不适反应，每天再喂三次新奶粉，即用10天左右的时间更换奶粉。

温馨提示

如宝宝遇到感冒、腹泻等情况，在服用药物期间要暂缓奶粉的更换。此外，除了奶以外，还需要给宝宝补充足量的水分。

新手爸爸妈妈如何为宝宝选择副食

副食指米、面等主食以外用以下饭的鱼、肉、蔬菜等各种食品。面对市面上琳琅满目的副食，新爸爸妈妈该如何为宝宝选择合适的副食呢？

1.选择蛋白质时，要选择优质蛋白，如奶类、瘦肉类、禽类、蛋类、鱼虾类。可以适当交替补充动物血和肝脏。

2.以蔬菜和肉、鱼搭配，如菜肉小丸子、青菜、豌豆、虾仁或肉丁、鱼丁、鱼糜、蒸蛋、鱼片等，这些食物容易让宝宝咀嚼吞咽。

3.应经常食用豆腐或其他豆制品、海产品，如干丝、油豆腐、虾皮、紫菜、海带等富含锌、钙的食品。

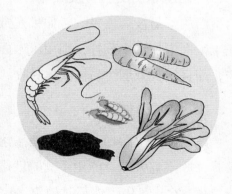

4.要注意选择含维生素C丰富的食物，如新鲜的蔬菜、水果，还要注意选择含维生素A丰富的水果、蔬菜，红、黄、绿色的蔬菜如胡萝卜、小油菜等，维生素A含量均较高。水果要在两餐之间吃。

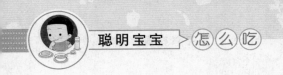

 有效防止宝宝食物的营养流失

妈妈费尽心思为宝宝做各种营养美食，可是"狡猾的"食物营养才不会"乖乖地"等在饭桌上呢，它们会寻求各种可能的机会悄悄溜走，让我们一起来认识营养的逃跑路线，一起阻止它逃跑吧。

1. 淘米遍数多，营养损失大

所谓淘，就是洗了又洗的意思：少则两三遍，多则四五回，以妈妈们爱清洁的程度不等来决定淘米的次数。然而，不幸的是，米淘两遍，B族维生素就开始流失了，超过三遍，则各种营养成分都开始逐渐流失。

2. 除了玉米面，煮粥别放碱

煮饭、煮粥、煮豆、炒菜都不宜放碱，因为碱容易加速维生素C及B族维生素的破坏。维生素B_1、维生素B_2本来就怕热，加了碱后更怕热，温度稍高更容易被破坏；而玉米则不同，玉米中所含有的结合型烟酸不易被人体吸收。如果在做玉米粥、蒸窝头、贴玉米饼时，在玉米面中加点小苏打，则用玉米面制作出的食品不但色、香、味俱佳，而且结合型烟酸易被人体吸收、利用。

3. 切菜少使刀，尽量用手撕

蔬菜应先洗后切，否则会使水溶性维生素及矿物质受到损失。切菜时一般不宜太碎，能用手撕的就用手撕，尽量少用刀，因为铁会加速维生素C的氧化。炒菜时要急火快炒，避免长时间炖煮，而且要盖好锅盖，防止溶于水的维生素随蒸汽跑掉。炒菜时应尽量少加水。炖菜时适当加点醋，既可调味，又可保护维生素C少受损失。做肉菜时适当加一点淀粉，既可减少营养素的流失，又可改善口感。

4. 果汁营养少，不如水果好

当水果压榨成果汁后，果肉和膜被去除了，维生素C也大大减少了。如果这种水果（如苹果）本身含有维生素就不多，那在这个过程中维生素几乎被去除得一干二净。

5. 鸡蛋营养高，最好煮着吃

就营养的吸收和消化率来讲，煮蛋为100%，炒蛋为97%，开水、牛奶冲蛋为92.5%，煎炸为81.1%，生吃为30%~50%。由此来看，煮鸡蛋是最佳的吃法，但要注意细嚼慢咽，否则会影响吸收和消化。

6. 煲汤时间长，营养跑得快

一些妈妈认为汤煲得时间越长越好，宝宝更容易吸收。实际上，这是不科学的。B族维生素、维生素C、氨基酸等极有营养的成分有一个共同的弱点就是"怕热"，在80℃以上就会损失掉，因此，煲汤时长时间的文火会将这些营养成分破坏，而蒸发掉的正是精华。

7. 冷冻常反复，其实很错误

食物都有保鲜期，最多保存3个月。以鱼为例，有研究表明，放在零下18℃保存3个月，鱼所含营养素的损失非常明显，尤其是维生素A和维生素E会损失20%~30%。蔬菜、水果也应该现买现吃，每放置一天所含维生素就会减少一些。因此，趁着食物还新鲜就赶紧给宝宝吃，别等没了营养才吃。

谨记，宝宝饭前喝汤不可取

宝宝的消化系统发育尚不完善。胃酸分泌较少，胃液酸度较低；各种消化酶合成、分泌少，活性低。如果在餐前喝一小碗汤，

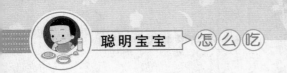

容易使胃内酸度进一步降低，消化酶的浓度也会下降，影响食物的消化，长期这样做将使宝宝的消化系统功能紊乱，引起胃肠疾病，而且食物的消化吸收利用率下降，也会导致宝宝营养素摄入不足，影响宝宝正常生长。

另外，宝宝的胃容量只有200~250毫升，仅相当于一小碗或者一杯的容量，在餐前饮用一碗汤，宝宝很快就感觉肚子饱了，就会减少主食的摄入量，这样往往会使蛋白质、脂肪等营养摄入不足。因此，不提倡在餐前给宝宝喝汤。

 ## 小心，宝宝不宜食用的四类食物

现代家庭养育宝宝，都讲究科学喂养，而食物对宝宝的成长发育确实有很大的影响，因此，妈妈不要让自己的宝宝食用下列四类食物。

1. 腌渍食物

包括咸菜、榨菜、咸肉、咸鱼、豆瓣酱以及各种腌制蜜饯类的食物含有过高盐分，不但会引起高血压、动脉硬化等疾病，而且还会损伤动脉血管，影响脑组织的血液供应，导致记忆力下

降、智力迟钝。人体对食盐的需要量，成年人每天在6克以下，宝宝每天在4克以下。日常生活中父母应少给宝宝吃含盐较多的食物。

2. 煎炸、烟熏食物

鱼、肉中的脂肪在经过200度以上的热油煎炸或长时间暴晒后，很容易转化为过氧化脂质，而这种物质会导致大脑早衰，直接损害大脑发育。

3. 含铅食物

过量的铅进入血液后很难排除，会直接损伤大脑。爆米花、松花蛋、啤酒中含铅较多，传统的铁罐头及玻璃瓶罐头的密封盖中，也含有一定量的铅，因此，这些"罐装食品"父母也要让宝宝少吃。

4. 含铝食物

油条、油饼在制作时要加入明矾作为涨发剂，而明矾(三氧化二铝)含铝量高，常吃会造成记忆力下降，反应迟钝，因此父母应该让宝宝改掉以油条、油饼做早餐的习惯。

对宝宝智力发育有益的五类食物

所有的父母都希望自己的孩子聪明、伶俐，可是怎样才能使孩子更加聪明呢？大脑的发育除了先天因素外，后天的营养与智力的关系也甚为密切。科学研究证明，宝宝可以通过食物来改善大脑的发育，日常生活中许多常见的食物就是益智健脑的"高手"。

1. 鱼类

鱼类中富含优质蛋白，如球蛋白、白蛋白、含磷的核蛋白，不饱和脂肪酸、铁、维生素B_{12}等成分，都是大脑发育所必需的营养。淡水鱼所含的不饱和脂肪酸没有海鱼高，最好多给宝宝吃海鱼，忌给宝宝吃污染鱼。

2. 蛋类

蛋类不仅是蛋白质的来源，其蛋黄中含有的卵磷脂、铁、磷都

有利于孩子的大脑发育。因此，应提倡孩子吃全蛋，如鸡蛋、鸭蛋、鸽蛋等。

3. 坚果类

坚果类食物中含有15%~20%的优质蛋白质和十几种重要的氨基酸，这些氨基酸都是构成脑神经细胞的主要成分，同时还含有对大脑神经细胞有益的维生素B_1、维生素B_2、维生素B_5、维生素E及钙、磷、铁、锌等。坚果都是补脑、益智的佳品，如核桃、花生、杏仁、松子等。但坚果类食物含油脂较多，不易消化，宝宝不宜多吃。

4. 蔬菜类

许多蔬菜对宝宝的大脑发育十分有益，如黑木耳中含有蛋白质、脂肪、矿物质、维生素等，是健脑、补脑的佳品。黑木耳释放出来的碱性物质能吸附导致脑供血不足的脑动脉粥样斑块，使记忆力和思考力得到显著提升。黄花菜被人们称为"健脑菜"，具有安神作用。它含有的蛋白质、脂肪、钙、铁是菠菜的15倍。因此，儿童常吃黄花菜对健脑非常有益。

5. 水果类

很多水果对宝宝的智力发育都有益，如菠萝富含维生素C和锰，对提高人的记忆力有帮助；柠檬可提高人的接受能力；香蕉可向大脑提供重要的物质——酪氨酸，而酪氨酸可使人精力充沛，注意力集中，并能提高人的创造能力。

此外，常见的补脑食物还有：牛奶中富含蛋白质、钙、氨基酸等多种营养物质，是补脑的佳品；肥肉含有丰富的磷脂，是构成神经细胞不可缺少的物质；大豆含有丰富的蛋白质，每天吃大豆或豆制品能增强记忆力。

给宝宝吃水果代替不了蔬菜

很多妈妈认为水果和蔬菜所含营养物质差不多，但是无论是口感还是口味蔬菜都远不及水果，因为水果中含有果糖，味道甜美，而且果肉细腻又含有汁水，还易于消化吸收。因此，对于有些不爱吃蔬菜的宝宝，妈妈们就经常给宝宝多吃水果，认为这样可以弥补不吃蔬菜对身体造成的损失。其实，这种想法是错误的，而且其危害很大。

如果经常让宝宝以水果代替蔬菜，水果的摄入量就会增大，很容易导致摄入过量的果糖。如果体内果糖过多时，会使宝宝的身体缺乏铜元素，进而影响骨骼的发育，导致宝宝身材矮小；会使宝宝有饱腹感，导致食欲下降；导致无机盐中钙和铁的吸收减弱。水果和蔬菜的差异主要表现在以下几方面。

1. 胡萝卜素的含量

水果中的胡萝卜素含量远不及菠菜、油菜、莴笋叶、香菜等深绿色叶菜和胡萝卜、南瓜等红、黄色蔬菜。其中，胡萝卜中黄色的部分要比红色的营养价值高，其中除含大量胡萝卜素外，还含有强烈抑癌作用的黄碱素。

2. 维生素C的含量

苹果、梨、桃、香蕉等水果中都含有维生素C，水果中柑橘类水果的维生素C含量最高，每百克含30~40毫克；而辣椒、青椒、菜花、苦瓜等蔬菜中的维生素C含量可达近百毫克。

科学研究发现，颜色越深的蔬菜所含B族维生素、维生素C与胡萝卜素越多，所以，绿色蔬菜被营养学家列为甲类蔬菜，主要有菠菜、油菜、卷心菜、香菜、小白菜、空心菜、雪里蕻等。这类蔬菜富含维生素B_1、维生素B_2、维生素C、胡萝卜素及多种无机盐等，其营养价值较高，是水果所不能比的。

3. 膳食纤维的含量

水果中膳食纤维的含量远低于蔬菜，蔬菜中含有丰富的膳食纤维，有利于促进肠胃蠕动，可以起到促进消化和预防便秘的作用。宝宝摄入蔬菜过少，可造成宝宝营养素的失衡，同时还易引起便秘。

4. 蔬菜能维持机体内环境

蔬菜在维持机体内酸碱平衡方面所起的作用也远大于水果。

5. 蔬菜具有独特的生理学作用

蔬菜可以促进食物中蛋白质的吸收，可使蛋白质的吸收率达到70％。

可见，蔬菜的营养价值是水果所不能替代的，聪明妈妈应该科学安排宝宝的饮食，从小培养宝宝爱吃蔬菜的好习惯。

 宝宝吃零食的四大注意事项

面对市场上琳琅满目的零食，许多父母都困惑能否给宝宝吃零食。许多家长认为零食含有较多的热量，孩子经常吃容易造成肥胖；零食含有较多的添加剂和刺激性食物，对宝宝的健康不利；另外，孩子吃零食后有饱腹感，容易造成厌食，对孩子的发育不利。儿童健康专家认为，宝宝可以吃零食，而且有些零食也确实有助于宝宝的生长发育，但吃零食还是有讲究的，并不是宝宝想什么时候吃就什么时候吃，想吃什么就吃什么，爸爸妈妈们给宝宝吃零食应该注意以下几点。

1. 吃零食的时间要合适

1-2岁的宝宝胃容量为200~300毫升，此时的宝宝运动量相对较大，自然消耗量也相对很大，所以每餐所摄入的食物还没到下一次进餐时间就已基本消耗殆尽，因此，可在两餐之间给宝宝提供一些易消化的零食。不要在就餐前半小时至1小时之内吃，否则不仅会影响宝宝进正餐的食欲，对宝宝的牙齿也很不利。

2. 吃零食的量要适当

零食并不比正餐，给宝宝添加时要适量。上午妈妈可以给宝宝吃热量较高的零食，如1块蛋糕或2~3块饼干，但数量不要过多，只要让宝宝感觉不到饥饿便可。如果吃得太多，到吃正餐的时间宝宝还感觉不到饥饿，就会影响正餐的摄入量。午睡后宝宝可以喝一点饮料或温开水；下午吃一点水果；临睡前喝一杯牛奶。

3. 吃零食的种类要合适

零食种类繁多、味道各异，但应该选择清淡、易消化、有营养的零食，如新鲜的水果、果干、坚果、牛奶、纯果汁以及奶制品等。但不可吃太甜、太油腻的零食。

有资料表明，咀嚼能力强的孩子都较聪明，咀嚼有健脑、固齿、促进视力发育的作用。所以，只要宝宝能嚼烂，可以适当地吃些有硬度的零食。因为稍硬的零食需要加强咀嚼，可以加强面部肌肉的活动，进而加快头部的血液循环，增加大脑的血流量，使脑细胞获得充分的氧气和养分。咀嚼还可惠及眼部肌肉的运动，对视力具有保护作用，能降低近视眼和弱视的发病率；咀嚼硬食还可锻炼牙齿，使牙齿变得更坚固，以减少牙科疾病。

4. 吃零食要注意卫生

宝宝的手经常乱摸东西，很容易带有细菌，所以宝宝吃零食前一定要洗手，每次吃完后，最好喝一点温开水，并要漱漱口或刷刷牙，以保护牙齿的健康。

第二节　1-2岁：营养配餐推荐

虾皮炒豆腐：有助于宝宝骨骼生长

【原料】卤水豆腐200克，虾皮50克，葱、姜、水淀粉、酱油、糖、植物油各适量。

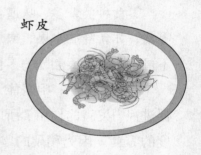

虾皮

【做法】①先将豆腐切成小块，用沸水焯一下，沥干；葱、姜切成碎末；虾皮用温水泡20分钟沥干，切碎，待用。②植物油放入炒锅中，加热后爆炒葱末、姜末，再加入虾皮爆出香味，放入豆腐煸炒，添加酱油和糖，下火闷3分钟，加入水淀粉，熟后起锅。

【备注】豆腐含有钙、铁和优质植物蛋白，有助于宝宝的骨骼生长；虾皮富含钙、铁、磷、碘和优质蛋白，能给宝宝的成长提供营养需求。

番茄牛肉：提高宝宝抗病能力

【原料】番茄1个，牛肉20克，姜、葱、植物油、精盐各适量。

【做法】①先将牛肉放入淡盐水中浸泡半小时后切成薄片；番茄在开水中煮一下，去皮后切成小块。②将牛肉放入电饭煲中加水炖30分钟。③锅内加油烧热，油热后放入葱、姜爆香，放进番茄煸炒，倒入牛肉和汤，放精盐再煮20分钟左右，至肉烂汤浓即可。

【备注】本品有生津止渴、健胃消食、凉血平肝、清热解毒的功效。

蔬菜煎饼：调节宝宝的免疫系统

【原料】面粉、油菜各30克，鸡蛋1枚，胡萝卜10克，植物油适量。

【做法】①油菜洗净用水焯一下，切成丝；胡萝卜洗净切丝；鸡蛋打开用过滤网只取蛋清。②在面粉中加入蛋清和适量水，搅拌均匀，再放入油菜和胡萝卜搅拌成蔬菜面糊。③煎锅中倒入油加热，倒入蔬菜面糊两面煎熟即可。

【备注】油菜和胡萝卜含有丰富的维生素，有抗氧化的功效，可调节宝宝的免疫系统。注意煎的过程中不可加太多油。

翡翠饺子：平衡营养，强壮宝宝

【原料】菠菜100克，虾仁50克，鸡蛋3枚，面粉、植物油、葱末、姜末、精盐各适量。

【做法】①菠菜洗净，剁碎挤汁，汁待用；鸡蛋打入碗内搅匀，用油炒熟；水发虾仁。②把菠菜与炒熟的鸡蛋、虾仁以及适量的葱末、姜末、精盐拌成馅。③再用菠菜汁加少量水和面擀

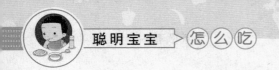

皮，包成饺子。

【备注】皮碧绿，馅深绿，极易吸引宝宝的注意力，馅中富含维生素、钙、铁、蛋白质，是平衡营养、强壮宝宝的美食。

 ## 丝瓜木耳：清热化痰，润燥利肠

【原料】丝瓜50克，木耳10克，精盐、蒜、水淀粉各适量。

【做法】①丝瓜去皮切片；木耳洗净后，水发20分钟后切碎；蒜切细末。②油入锅烧热，投入丝瓜和木耳煸炒，将熟时放入蒜和精盐，淋入稀薄的水淀粉，翻炒片刻即可。

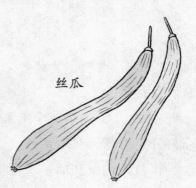

丝瓜

【备注】丝瓜具有清热化痰、凉血解毒、解暑除烦的作用。木耳中铁的含量极为丰富，可防治缺铁性贫血；还有帮助消化纤维类物质的功能。

 ## 红小豆泥：清热利尿，祛湿排毒

【原料】红小豆50克，红糖、清水、植物油各适量。

【做法】①将红小豆拣去杂质洗净后，放入锅内，加入凉水用大火烧开，改小火焖煮至烂成豆沙。②将锅置火上，放入少许油，下入红糖炒至溶化，倒入豆沙，改用中小火炒好即成。

【备注】红小豆具有清热利尿、祛湿排毒的作用，有助于宝宝健康地成长。煮豆时越烂越好，炒豆沙时火要小，要不停地擦着锅底搅炒，以免炒焦而生苦味。

速拌双泥：补充营养，促进生长

【原料】鸡蛋1枚，茄子、土豆各50克，番茄酱、精盐、香油各少量。

【做法】①将茄子和土豆洗净蒸熟，去皮后压成泥，加精盐调味。②鸡蛋煮熟，取出蛋黄压成泥，蛋白切碎，分别加盐搅拌均匀备用。③将茄子泥和土豆泥分别放在盘子的两边，再把蛋白撒到茄子上，蛋黄撒到土豆上，番茄酱挤到中间，淋上香油即可。

【备注】此菜泥含有丰富的胡萝卜素、B族维生素、维生素P等营养物质，能促进宝宝的生长发育，有清热解毒、活血通络的功效。

山药小排骨：有效改善虚弱体质和贫血

【原料】排骨100克，山药50克，植物油、姜、精盐各适量。

【做法】①山药洗净，去皮，切块；排骨洗净，剁成块；姜切片备用。②将排骨和姜放入锅内，加适量水煮开后，放入山药，转中火炖熟，加精盐即可。

【备注】山药极易消化，能有效改善虚弱体质和贫血，增加宝宝的抵抗力。炖排骨时加入少许醋，可以促使钙质的释放；山药切块后放入水中可防止氧化。

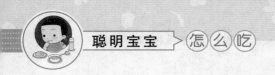

 第三节 答疑解惑，本阶段宝宝喂养难题

 如何培养宝宝的饮食习惯

1~2岁的宝宝已步入幼儿期，随着认知水平的提高，宝宝的习惯也在逐步养成，为了宝宝的未来成长，也为了宝宝能拥有健康、强壮的身体，在此期间培养宝宝良好的饮食习惯是十分必要的。那么，该如何培养呢？

最好的培养方法就是以身作则，用自己的行动来影响宝宝，久而久之，宝宝自然会形成良好的习惯。父母可从以下几方面进行培养。

1．进餐定时定量

父母可将宝宝的进餐时间调整到与成年人一致，当父母吃饭时，宝宝也一同吃饭，如果餐桌不合适，妈妈可给宝宝安排专用的餐桌，让宝宝养成与成年人一同进餐的习惯。刚开始宝宝会不适应，也许还没到时间宝宝就饿了，妈妈可在两餐之间给宝宝加一次点心或水果，这样宝宝就能养成定时吃饭的习惯。给宝宝的饭菜要定量，不要过于放纵宝宝。要知道吃得过多或过少对宝宝的健康都不利，而且容易使胃肠消化功能紊乱，不利于健康。

2．教会咀嚼食物

此阶段的宝宝虽已长出臼齿，但还不会用，有些宝宝会把食物推到口腔前方用门牙咀嚼，父母可指导宝宝如何用臼齿咀嚼，直接示范给宝宝看。为了保护宝宝的牙齿，食物应尽量切薄或者剁碎。有些长条菜不易咀嚼、下咽，可以切短或煮软一些。

3. 培养细嚼慢咽的进食习惯

食物只有经过细细咀嚼，使其充分与唾液混合之后，才有助于消化，同时在细嚼慢咽之后，食物的色味反射使消化液分泌增多，促使食物更好地消化和吸收。因此，父母要教育宝宝细细咀嚼食物后再咽下，不要总催宝宝吃快些，每次盛饭不宜过多，吃完后再添，有利于刺激宝宝吃饭的积极性。如果各餐食品较多，要一样一样地分给他，不要全部放在饭碗里，使宝宝吃时不方便，容易贪多嚼不烂。

4. 纠正不良习惯

不少宝宝在此阶段会养成挑食、偏食的习惯。有的不爱吃蔬菜，有的不爱吃豆制品，有的不爱吃鱼，这样易导致营养素缺乏，父母除及时纠正外，还要注意方法，不要逼迫，可换一种方法，如改变食物制作方法、给宝宝讲故事、自己带头吃，引导宝宝主动去吃。

5. 饭前便后要洗手

我们生活的环境中有很多微生物，有不少还是致病菌，若宝宝不洗手就拿东西吃，很容易病从口入，引起腹泻、感冒、痢疾等多种疾病。因此，一定要培养宝宝饭前便后洗手的习惯，最好父母与宝宝一同洗，让宝宝照着父母的样子模仿，学会如何洗手，然后每次饭前都督促宝宝洗手，这样等宝宝习惯了，习惯也就养成了。

 如何培养宝宝的吃饭兴趣

对于大多数宝宝来说，吃饭是一件快乐的事情，尤其是在感到饿的时候，但对于有挑食、厌食的宝宝，吃饭却是一种苦差事。宝宝为什么不吃饭？其实，关键就在于宝宝没食欲，对吃饭不感兴趣。那么，怎么培养宝宝对吃饭的兴趣呢？可从以下几方面着手。

1. 给宝宝营造适合进餐的环境

安静、温馨、快乐的气氛是最适合宝宝进餐的环境。这种环境下，宝宝可以专心地吃，认为吃对他是一件重要的事。

2. 让宝宝为烹制食物"打下手"

1岁以后，宝宝基本可以自己走动了。妈妈可以在择菜的时候，让宝宝待在身边，边择边给宝宝介绍这些菜，也可让宝宝拿起这些菜看看摸摸，或是模仿成年人，可能宝宝会弄得乱七八糟，但这可以加深宝宝对要吃食物的印象，激发宝宝对食物的兴趣。

3. 为宝宝设置适合的桌椅

很多家庭中都配置有吃饭的餐桌，但由于桌子和凳子的高度可能并不一定适合宝宝的身高，所以，在宝宝吃饭时，父母应该为其设置适合的桌椅，避免宝宝因为不适而产生厌食心理。

4. 让宝宝自己挑选爱吃的食物

有些父母总喜欢为宝宝挑选食物，认为这样才能保证营养均衡。但宝宝1岁以后，自主性增强，凡事都想自己动手，因此，可以让宝宝自己拿着小勺挑选饭菜，父母在一旁辅助，这样有利于激起宝宝吃饭的兴趣。

 ## 宝宝吃饭总让人喂怎么办

一般来说，1岁以后宝宝会有主动拿勺的举动，这对培养宝宝独立吃饭很有好处，但也有一些宝宝不愿自己拿勺吃饭，非得妈妈喂才行。

对于这样的宝宝，父母不要强迫宝宝拿餐具，这样只会使宝宝急躁，产生逆反情绪。如果宝宝希望由妈妈喂，那么说明宝宝希望妈妈关注、关怀他，那可以先满足宝宝的要求，然后通过游戏，转移这种情绪，等宝宝主动拿起勺时，就可开始教宝宝吃饭了，教的时候一定要有耐心，不要让宝宝感觉家人都不关心他，只要宝宝有一点进步都要给予表扬，提高宝宝学习的兴趣。

此外，还有另一种情况，就是宝宝总是不主动拿餐具学习吃饭。面对这种情况，妈妈可随时让宝宝有自给自足的机会，把奶瓶、杯子、勺子放在宝宝随手可以拿到的地方，但千万不要强迫宝宝使用。多给宝宝放置一些可用手抓的食物，以食物来引诱宝宝自己动手吃东西。不久父母会发现，宝宝吃东西的主动性增强，并逐渐习惯自己动手吃饭了。

宝宝喂养易犯哪些错误

1-2岁的宝宝会陆续长出十几颗牙齿，随着宝宝身体发育的不断完善，能吃的食物和种类也越来越接近成年人，但此时宝宝的消化系统尚未成熟，因此要根据宝宝的生理特点和营养需求，为他们制作可口的食物，以保证他们获得均衡的营养。但有些家长因对宝宝喂养的认识不够，常常犯以下错误。

1. 用鸡蛋代替主食

鸡蛋的营养很全面，相对于肉类也比较经济。有的妈妈就几乎每餐都给孩子吃鸡蛋类食品。结果往往不尽如人意，反而会使宝宝出现消化不良、腹泻等不适症状。因为婴幼儿时期，宝宝胃肠道消化功能尚未成熟，各种消化酶分泌较少，过多地吃鸡蛋，会增加孩子胃肠负担，引起消化不良性腹泻等。

蛋类并非多多益善

正确的做法是：不到1岁的宝宝，最好只喂蛋黄，每天不超过1个；1-2岁的幼儿每天或隔天可吃1个全蛋；2岁以上的幼儿每天吃1个，最多吃2个鸡蛋。

2. 用果汁代替水果

有些父母图省事，经常会给宝宝买橙汁、果味露或橘子汁等制品冲给孩子喝。实际上各类果汁制品都是经过加工制成的，加工过程中会使一些营养素丢失，而且果汁冲剂中还会添加一些对宝宝健康有害的食用香精、色素等食品添加剂。

而新鲜水果不仅含有完善的营养成分，而且在宝宝吃水果时，还可锻炼宝宝的咀嚼功能，从而刺激唾液分泌，增加宝宝的食欲。

3. 用葡萄糖代替糖类

有不少父母疼爱宝宝，把口服葡萄糖作为滋补品，长期代替白糖给宝宝吃，牛奶、开水里都放葡萄糖。其实，这种做法是不可取的。

（1）口服葡萄糖吃起来甜中带微苦，并有一点药味，还不如白糖和冰糖好吃，吃过几天宝宝就会感到厌烦，影响食欲。

（2）食用糖类，先要在胃内经过消化酶的分解作用转化为葡萄糖才能被吸收，而食用葡萄糖则可免去转化的过程，直接就可由小肠吸收。但是，如果长期以葡萄糖代替糖类，就会造成胃肠消化酶分泌功能下降，消化功能减退，影响除葡萄糖以外的其他营养素的吸收，导致宝宝贫血，维生素、各种微量元素缺乏，抵抗力降低等。

可见，葡萄糖容易消化吸收，对于消化差的患儿，尤其是低血糖患者可以及时补充糖分，但作为常用食品，却不如白糖、红糖或冰糖，如长期用来代替食用糖对宝宝健康反而不利。

其实，只要宝宝食欲正常，体内就不缺乏葡萄糖，因为各种食物中的淀粉和所含的糖分，在体内均可转化为葡萄糖，所以不宜多用葡萄糖，更不可用它来代替糖类。

 ## 宝宝边吃边玩有哪些危害

吃饭不专心是宝宝长大的一个具体表现，但边吃边玩并不是一种好的进食习惯，既不科学也不卫生。1~2岁的宝宝很难长时间集中注意力，但如果顿顿吃饭边吃边玩，将会给宝宝的健康带来危害。

1. 养成不良的生活习惯

边玩边吃，宝宝的注意力都在玩上，无暇顾及食物的味道和质地。长时间下去，对吃饭会越来越没兴趣，不让他玩他就不吃饭。此外，边吃边玩会使宝宝从小养成做什么事都注意力不集中、不认真、不专心、办事拖拉等坏习惯。等宝宝长大以后，这些坏习惯还会影响到他的学习和工作。一旦养成这种坏习惯，纠正起来就困难了。

2. 影响食物消化吸收

正常情况下，人体在进餐期间血液会聚集到胃部，以加强对食物的消化和吸收。如果宝宝边吃边玩，会使血液流向大脑或四肢，从而减少胃部的血流量，造成消化功能紊乱，进而导致宝宝食欲缺

乏。

边吃边玩还会延长进餐时间，使大脑皮质的摄食中枢兴奋性减弱，胃内各种消化酶的分泌也会相对减少，导致胃蠕动减弱，从而妨碍食物的消化吸收。

3. 饮食变得没有规律

边吃边玩延长了吃饭时间，上顿没按时吃完，下顿也很难按时按量吃，宝宝通常会在两顿饭之间向妈妈索要零食，一会儿一块巧克力，一会儿一块点心，到吃正餐的时候就会没有食欲。这样恶性循环下去，饮食变得没有规律，胃肠道的工作总处于不正常的运转状态中，当然会影响宝宝的身体健康。

4. 容易发生意外伤害

宝宝玩的时候嘴里含着食物，注意力不集中，很容易发生食物误入气管的情况，轻者出现剧烈的呛咳，重者可能导致窒息。1-2岁的宝宝边吃边玩危险性就更高，宝宝叼着小勺跑来跑去，如果摔倒小勺很可能会刺伤宝宝的口腔或咽喉。

第14章

2-3岁：开始吃饭，宝宝喂养同步指导

2-3岁的宝宝一般乳牙都长齐了，咀嚼能力也有了进一步的提高，但与成年人相比还是有一定的差距，烹调仍应以细、软为主。菜要切得细碎些，肉宜切成细丝、薄片，不宜给宝宝吃油腻、油炸等难消化的食物，忌吃刺激性食物，少吃零食、甜食，讲究饭菜的色香味。只有让宝宝摄取到比较全面的营养，宝宝身体才会健康，大脑发育才会良好。下面是2-3岁宝宝体格发育的平均指标。

月　份	满2.5岁		满3岁	
性　别	男宝宝	女宝宝	男宝宝	女宝宝
体重（千克）	14.28	13.73	15.31	14.8
身长（厘米）	95.4	94.3	98.9	97.6
头围（厘米）	49.3	48.3	49.8	48.8
胸围（厘米）	50.7	49.6	51.5	50.5

 2-2.5岁喂养：培养良好的进食习惯

2-2.5岁的宝宝，培养良好的进食习惯是非常必要的，首先要做到规律进餐，定时定量。对于2岁以上的宝宝，应安排好早、午、晚三餐及上午、下午两次的点心。其次不要让宝宝养成挑食、偏食、吃零食的习惯，达到均衡的饮食结构。除此还要帮助宝宝锻炼自己的动手能力，让宝宝自己尝试用勺、碗吃饭。

在宝宝开始逐渐适应正常的饮食后，父母要培养宝宝良好的咀嚼习惯。经过调查发现，过早给宝宝太硬的食物会影响宝宝的咀嚼习惯，由于太硬的食物超过了宝宝的咀嚼能力，致使宝宝不咀嚼食物，直接就咽了下去，时间久了会养成宝宝不爱咀嚼食物的习惯。有些时候宝宝由于迫不及待地往嘴里塞食物，不怎么咀嚼就下咽，因此，需要父母耐心地教宝宝咀嚼食物，不能急躁。在喂食宝宝的时候，刻意拉长两口饭菜的间隔时间，让宝宝有充足的咀嚼时间。

该年龄宝宝的食谱可参照如下标准制订。早上7点：米粥或豆浆1小碗，菜包或面包1个；上午9点：水果1个；中午12点：米饭加荤素炒菜1小碗或带馅面食加粥；下午3点：牛奶250毫升，水果1个；晚上7点：米饭或面条加荤素菜或带馅面食加粥。

 温馨提示

　　随着宝宝逐渐长大，接触的食物也越来越多，但是有些食物还是不能给宝宝吃，如花生米、煮豆、脆饼干等硬的食物。这是由于宝宝的后槽牙长得较晚，即使有些宝宝后槽牙长出来，也要过一段时间才能用力咀嚼花生米等硬的食物，否则会引起食物误入气管。

 2. 5-3岁喂养：食物种类及烹调接近成年人

　　3岁宝宝的乳牙已经出齐，咀嚼能力和以前相比也大大提高，食物种类及烹调方法逐步接近于成年人。但是，宝宝的消化能力仍不够完善，而且由于生长较快，热量和营养素需要量较高，在为宝宝安排每天饮食时要注意食物品种的多样化，做到粗细粮

搭配、主副食搭配、荤素搭配、干稀搭配、甜咸搭配。

　　在选择食物时要注意其营养价值，一般说来，绿叶蔬菜和豆制品比根茎类蔬菜营养价值高，肝肾等内脏比肉类营养价值高，杂粮比精粮营养价值高。

　　食物要做成宝宝易于接受的形式。如有的宝宝不爱吃适合大人口味的熘肝尖，可以给宝宝做成酱猪肝，切片后让宝宝拿在手里吃；有的宝宝不爱吃蔬菜，可以把菜和肉混合做成馅，包在面食中给宝宝吃。

　　该年龄宝宝的食谱可参照如下标准制订。早上8点：白粥一碗，

花生20克，鸡蛋一个；中午12点：米饭50克，青菜一份，黑鱼40克；下午3点：南瓜饼4个；晚上6点：菜肉馄饨一份；晚上9点：牛奶一杯。

温馨提示

　　在家生活的宝宝一定要注意饮食的定时定量，不能一天到晚嘴不停地随意吃零食，而到正餐时却往往不肯正经吃饭，长期下去对宝宝的营养状况和生长发育都会造成不良影响。

饮食有节：合理安排宝宝的一日三餐

　　一般来说，2岁的宝宝已经断奶，饮食开始向"一日三餐"制过渡。宝宝的早、中、晚三餐，到了这个时期，已经类似成年人的进食节奏，可以慢慢地配合家人的进食时间。这时成年人的作息应尽量规律，合理安排宝宝的一日三餐。

早 餐

　　父母要遵循"早餐吃得好，午餐和晚餐吃得饱"的饮食原则，科学分配宝宝一天的热能摄入。谷类、奶、蔬菜、鱼、肉、蛋、豆腐，这些食品是满足宝宝生长发育必不可少的。

午 餐

　　宝宝的午餐要注意多样性，并搭配不同种类、颜色和大小的水果。这样可以确保宝宝摄入多种维生素与矿物质，还不会使宝宝因为单调而产生厌倦感。可适当吃面条、米粥、馒头、小饼干等，以增加热量。

晚餐

科学的晚餐有助于宝宝睡眠，确保他能得到足够的休息。经常给宝宝吃各种蔬菜、水果、海产品，可提供足够的维生素和无机盐，以供给代谢的需求，达到营养平衡的目的。同时，常食用一些动物血、动物肝脏，以保证铁的供应。

此外，对于一些工作较繁忙的父母，可在宝宝2岁后送入托幼机构，这样一方面不会因工作繁忙而造成宝宝经常吃不好饭导致营养不良；另一方面也能安心工作，等晚上回家后再给宝宝烹制晚餐，不会对宝宝的健康造成太大的影响。

谨守适量：给宝宝喝酸奶莫要贪多

酸奶是在鲜牛奶中加入乳酸杆菌或乳酸、柠檬酸发酵制成的。酸奶的营养成分与鲜牛奶相当，而且因其酸度增加，蛋白凝块变细，更容易被吸收。乳酸杆菌能抑制肠道内的大肠埃希菌，比较适合宝宝饮用，对防治宝宝腹泻有一定的作用。

酸奶不要贪多

酸奶因具有一定的酸度，因此不要给宝宝喝太多，否则可能影响宝宝胃肠道内的正常酸碱度。一般在宝宝2岁以后，才可喝酸奶，以每天1~2小杯为宜。

在选购酸奶时，一定要注意将乳酸菌饮料与酸奶区分开。乳酸菌饮料主要是水和乳酸杆菌，含牛奶的量极少，营养价值和酸奶根本不能相提并论，不能替代宝宝每天需要饮用的牛奶或酸奶。

激发食欲：要让宝宝远离味精

有些父母认为，在宝宝的饭菜中加一些味精能增加食物的美味，激发宝宝的食欲。这是真的吗？其实，味精对宝宝的生长发育有着严重的影响。它能使宝宝血中的锌转变为谷氨酸锌随尿排出，造成体内缺锌，影响宝宝的生长发育，并产生智力减退和厌食等不良后果。

锌具有改善食欲和消化功能的作用。在唾液中存在的一种味觉素是一种含锌的化学物质，它对味蕾及口腔黏膜起着重要的营养作用，缺锌可使味蕾的功能减退，甚至导致味蕾被脱落的上皮细胞堵塞，食物难以接触味蕾而影响味觉，使人品尝不出食物的美味而不想吃饭。锌是人体必需的微量元素，小儿缺锌会引起生长发育不良、弱智、性晚熟。同时，还会出现味觉紊乱、食欲减退。因此，宝宝食用菜肴不宜多放味精，尤其是对偏食、厌食、胃口不佳的宝宝更应注意。

选购水果：让宝宝远离"激素水果"

去水果市场，你会发现近年来的水果个头越来越大，而其中有一些就是"激素水果"。就拿桃子来说，有的桃香脆甜美，可有的桃却没有桃味。不用说，前者是优秀的桃种，而后者可能就是一般桃种使用某些手段后变得中看不中吃了。

现在人们追求的是无污染，而且富含营养的天然"绿色食品"，那些中看不中吃的"激素水果"早就该被淘汰出市场了。而一些果农更看中的是果实诱人的外表和超季节上市所带来的利润，因此使用化肥的手段在果农中相当普遍，这其中主要是激素肥料。

那么，激素水果对人体会产生什么样的影响呢？激素水果容易导致儿童性早熟。比如男宝宝早早长出胡须，女宝宝的乳房变大、来月经早等特征就是性早熟的迹象。据专家介绍，性早熟患儿以外源性性早熟为主，他们都与摄入激素类物质有密切关系。

如何辨认激素水果呢？果木专家告诉大家一个识别的办法：凡是激素水果，其形状特大且异常，外观色泽光鲜，但果肉味道平淡。反季节蔬菜和水果几乎都是激素催成的，如早期上市的长得特大的草莓，外表有方棱的大猕猴桃，大多是打了膨大剂的；把儿是红色的荔枝和切开后瓜瓢通红瓜子却不熟、味道不甜的西瓜等，多是施用了催熟剂；还有喷了雌激素的无籽大葡萄等。专家提醒，这样的水果对宝宝身体无益，尽量不要让宝宝吃。

 ## 避开"雷区"，生病宝宝的喂养误区

在养育宝宝的过程中，如何合理地喂养是妈妈关注度很高的话题。在一些特殊情况下，比如宝宝生病时，妈妈会经常进入以下喂养误区。

1. 多吃就能抗病

很多妈妈在宝宝生病时，给宝宝添加过多的辅食，认为这样能增加宝宝的抵抗力，身体便可早日康复。其实人在生病的时候，大都会出现食欲下降的情况，当然宝宝也不例外，如果在宝宝生病时，要求宝宝多吃，会给他的消化器官带来很大压力，强迫进食还有可能使宝宝厌食。

妈妈不要因为宝宝生病就大惊小怪或愁眉苦脸，否则只会加剧宝宝的心理负担。正确的做法是在宝宝生病时妈妈要做些清淡可口、易

消化的东西给宝宝吃，量不要太多。

2. 贫血多吃菠菜

预防儿童缺铁性贫血的有效方法是补铁。菠菜的含铁量比较高，很多父母就让孩子多吃菠菜来补血，殊不知，菠菜中的铁很难被宝宝的消化道吸收利用。因为菠菜中含有草酸，草酸极易与铁发生反应，形成沉淀，不能被人体吸收利用，从而达不到补血的功效。另外，菠菜中的草酸还易与钙结合，形成不易溶解的草酸钙，也影响机体对钙的吸收，直接影响宝宝的生长发育。

温馨提示

其实菠菜中的铁含量远低于豆类、韭菜、芹菜等食物，给宝宝补铁可将肉类与蔬菜合理搭配，这样可以提高铁的吸收率。

3. 腹泻就要减餐

有些妈妈认为如果宝宝拉肚子，饿几顿可以帮助清理肠胃，能够治好腹泻。宝宝频繁腹泻会使体内的水分和营养素迅速丢失，造成急性脱水。如果宝宝丢失相当于体重5%的水分，即可出现精神萎靡、口渴、烦躁、无力、尿量减少、皮肤弹性差等脱水症状；超过15%就会出现抽搐、昏迷，危及生命，而且禁食还会造成营养不良。

宝宝腹泻时，6个月以内的宝宝要增加母乳喂养次数；人工喂养或混合喂养的宝宝在两次喂奶中间要多喂点水；吃辅食的宝宝可吃些易于消化、富含营养的食物，如稀粥、烂面条、鱼末、蔬菜、水果等；在腹泻停止后的半个月内，每天加一餐以弥补损失的营养。

第二节 2-3岁：营养配餐推荐

清蒸莲藕丸：促进肠胃蠕动

【原料】糯米粉50克，莲藕100克，肉末30克，精盐、料酒、植物油各适量。

【做法】①莲藕去皮、洗净、刨成蓉，加入肉末、精盐、料酒和植物油拌匀。②将莲藕肉泥放入糯米粉中，揉成丸子。摆放整齐放入盘中，用蒸锅蒸熟即可。

莲藕

【备注】莲藕具有排毒功能，因为其富含植物纤维，能促进肠胃蠕动。把莲藕剁碎做成丸子，清香柔糯，适合宝宝口味。

肉末炒冬瓜：健脾开胃，增进食欲

【原料】瘦肉200克，冬瓜150克，植物油、酱油、水淀粉、精盐、葱末、姜末各适量。

【做法】①将肉洗净，剁成碎末；冬瓜洗净，去皮挖瓤，切成薄片。②炒锅放油加热，先煸葱、姜末，再下入肉末煸炒变色，加入酱油、精盐，搅拌均匀，放入冬瓜煸炒。③待冬瓜软熟，用水淀粉勾芡，出锅即成。

【备注】本品味鲜，适合宝宝的口味，还可以健脾开胃。此菜酱油不宜多放。

 ## 肉末烧茄子：补充维生素与矿物质

【原料】猪肉50克，茄子100克，干口蘑5克，植物油、精盐、酱油、葱末、姜末各适量。

【做法】①将猪肉洗净，剁成碎末；口蘑用开水泡开，洗净泥沙，切成小碎块；将茄子洗净削去皮，切成菱形块。②将油放入炒锅内，热后投入茄子煸炸至呈黄色，将茄子盛出，再加入葱姜末煸炒肉末后，放入茄子炒拌均匀，再放入口蘑、酱油、精盐、泡口蘑的水，烧至茄子入味即成。

【备注】做此菜时，干口蘑经水泡发后的水经沉淀后炒菜用，汤味十分鲜美。煸炸茄子时油温要热、火要旺，茄子需先用油炸或煸炸熟，然后再加入调味品同烧。

 ## 清蒸带鱼：促进宝宝的生长发育

【原料】带鱼1条，花生油、精盐、料酒各少许。

【做法】①将带鱼去头、尾和肠后，用温水洗净，切成段。②将带鱼用精盐和料酒拌匀，再沾满油后放入盘中。放入蒸锅中蒸20分钟即可。

【备注】多吃带鱼可以补五脏、润泽皮肤。其含有蛋白质、脂肪、钙、磷、铁、维生素和烟酸等营养物质，可以促进宝宝的生长发育。

 ## 黄瓜炒猪肝：防止宝宝患缺铁性贫血

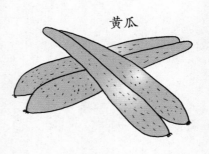

黄瓜

【原料】猪肝、水发木耳各50克，黄瓜100克，植物油、酱油、料酒、水淀粉、白糖、精盐、味精、葱、姜、蒜各适量。

【做法】①将猪肝洗净切成片，用水淀粉、精盐上浆，用八成热的油滑散捞出待用。②将黄瓜洗净，切成片；葱、姜、蒜切末；木耳洗净撕成小碎块待用。③将油放入锅内，烧至七成热时放入葱、姜、蒜、黄瓜、木耳稍炒几下，再将猪肝倒入锅内，淋入料酒，再加酱油、精盐、白糖、味精、水少许，开后用水淀粉勾芡，出锅即成。

【备注】猪肝营养丰富，特别是铁的含量较高，易于宝宝消化吸收，能防止宝宝患缺铁性贫血。制作时，一定要煮熟，因为猪肝中有毒。

 ## 肉末蛋羹：强化宝宝抵抗力

【原料】鸡蛋2枚，猪肉末20克，凉开水50毫升，水淀粉50克，高汤、植物油、酱油、精盐、料酒、青蒜末、葱末、姜末各适量。

【做法】①将鸡蛋打入碗中，打均匀后加入凉开水、精盐搅匀，用旺火、开水蒸15分钟，呈豆腐脑状即成。②将油放入锅内，投入肉末煸炒，加入葱末、姜末、酱油、精盐、料酒、高汤，开锅后用水淀粉勾芡，撒入青蒜末，盛入盆内，再将一勺肉末卤浇在蛋羹中即可。

【备注】制作时，蒸鸡蛋羹要掌握蛋与水的比例（1:2）。蛋液中要加凉开水，不能用冷水。

第三节 答疑解惑，本阶段宝宝喂养难题

 给宝宝加餐要遵循哪些原则

加餐是宝宝2岁后调整饮食规律的重要方式，所添加的食物应以点心、水果为主。虽然加餐可缓解宝宝饥饿，但如果加餐不得法而影响正餐，则对宝宝的健康不利。因此，加餐一定要科学，遵循一定的原则。

1. 对加餐的食物有选择

由于加餐的食物种类多，而且营养价值各有不同，所以父母在给宝宝加餐前要注意选择，不要吃过甜或过咸的食物。因为过甜的食物容易让宝宝伤食，对牙齿也有害；而过咸的食物容易产生口渴感，宝宝就会饮太多的水，一方面不利于食物的消化，另一方面易产生腹胀，影响正餐。

2. 对加餐的量有控制

加餐只是作为一种额外的补充，不能挤掉宝宝的正餐，家长不能由着宝宝。特别是对于食量较小的宝宝来说，父母更应当限制宝宝加餐的量。

3. 加餐还要因人而异

加餐是宝宝补充营养的一种方式，但如果加餐时宝宝吃得太多，就容易引起营养过剩，尤其对那些食欲好的宝宝而言，加餐时吃得过

多易导致肥胖。因此，加餐应区别对待，对食欲不佳的宝宝，应该适当加餐，在正餐之间给一些小点心吃；但食欲好且已经有肥胖症的宝宝，加餐时尽量要少吃，避免营养过剩。

此外，切忌把加餐安排在正餐时间吃，以免影响宝宝的正常食欲。

 ## 怎样培养宝宝独立的进食习惯

有些家长对宝宝过分溺爱，不让宝宝自己动手吃饭，有的甚至喂到五六岁。其实，一般来说1岁以上的宝宝就能独立进食，只不过有些父母怕宝宝把饭桌当做战场。长期喂宝宝吃饭容易让宝宝产生依赖性，养成不好的进食习惯，改正时也会非常困难，所以，要及早培养宝宝独立进食的习惯。

1.只要宝宝知道用手抓食物吃时，就应该让宝宝去尝试。满周岁后，让宝宝试着拿勺子吃饭。到2周岁以后，宝宝会试着像成年人一样用筷子。只要让宝宝坚持下去，就会逐渐摸索到适合自己的吃饭方法，就能学会独立进食了。

2.在宝宝能独自吃上几口时，作为爸爸妈妈应该及时给予鼓励，增加宝宝自己吃饭的兴趣，同时增强宝宝的信心。

3.针对依赖性强的宝宝，父母可连续几天做他喜欢吃的菜，把饭菜放到宝宝面前，父母暂且离开，如果宝宝能吃上几口，则给予表扬，鼓励他继续吃完。如果宝宝仍不愿意自己吃，不要批评他，也不要帮助他把剩下的饭吃完。几天之内多次重复这种方法后，等到宝宝饿了馋了，自然会自己拿起餐具吃饭。

4.有的宝宝能自己吃了，反而想要妈妈喂。这时，如果父母觉得他已会自己吃了，再喂一喂也没关系，但这样做很可能会前功尽弃。所以，父母一定要坚持原则，只要宝宝想吃，就得自己吃，父母坚决不要再喂。

宝宝如何吃蜂蜜才科学

蜂蜜味道甜美，而且含有丰富的葡萄糖、果糖、维生素、多种有机酸盐和有益人体健康的微量元素，既是滋补佳品，又是治病良药，还有安神益智和改善睡眠的作用。因此，不少家长常把蜂蜜加到水中或牛奶中给宝宝饮用，以增加营养或使其大便通畅。然而，蜂蜜虽好，却并不是所有的人都适合食用，特别是婴幼儿，若不能科学地食用蜂蜜，不但不能充分发挥蜂蜜的营养保健和医疗功效，而且有可能引起不良后果。那么，宝宝吃蜂蜜到底有何讲究呢？

1.1周岁以内的婴儿不宜吃蜂蜜。蜂蜜在酿造、运输与储备过程中，容易产生肉毒杆菌，而肉毒杆菌的适应性又很强。1周岁内的婴幼儿抵抗力较弱，肝脏解毒功能又差，饮用蜂蜜可能出现中毒症状。中毒的宝宝可出现迟缓性瘫痪、哭声微弱、吸奶无力、呼吸困难等。

2.蜂蜜有增强肠蠕动的作用，可显著缩短排便时间，但肠胃功能不全、腹胀或腹泻的宝宝应慎用蜂蜜，以免加重病情。

3.蜂蜜中含有大量的激素，过多饮用会引起宝宝性早熟，所以，婴幼儿不宜多食。

4.科学吃蜜法。蜂蜜最好使用40℃以下的温开水或凉开水稀释后食用，而且水溶液比纯蜂蜜更易被宝宝吸收。但切记不可以用开水冲服或

高温蒸煮蜂蜜，否则会严重破坏蜂蜜中的营养物质和活性酶。

5. 最佳吃蜜时间。1岁以后的宝宝可以吃蜂蜜，为了不影响宝宝的正常饮食，每天最好在饭前1小时或饭后2小时食用，既能增进宝宝的食欲，又有利于消化和吸收。

6. 合理的吃蜜剂量。宝宝食用蜂蜜的剂量以每日食用30克较好，可分多次以温水冲服为宜。

宝宝喂养中如何限盐更科学

百味盐为主，食盐可谓调味品中的老大。在现代膳食中，宝宝钠盐摄入量逐渐增加，其中既有家庭一日三餐的盐超量，也有零食中含钠盐增多。但是专家指出，无论是健康宝宝，还是病儿，均不宜摄入过多的盐，饮食应以清淡为主，太咸易引发呼吸道感染。

首先，高盐饮食使得口腔唾液分泌减少，更利于各种细菌和病毒在上呼吸道的存在；其次，高盐饮食后由于盐的渗透作用，可杀死上呼吸道的正常寄生菌群，造成菌群失调，导致发病；最后，高盐饮食可能抑制黏膜上皮细胞的繁殖，使其丧失抗病能力。这些因素都会使上呼吸道黏膜抵抗疾病侵袭的作用减弱，加上宝宝的免疫能力本身又比成年人低，又容易受凉，各种细菌、病毒乘机而入，导致感染上呼吸道疾病。此外，吃得过咸，直接影响宝宝对锌的吸收而导致缺锌。

宝宝的口味是跟随父母的，若父母饮食习惯偏咸，宝宝也会爱吃咸的食物。因此，专家建议宝宝饮食以清淡为主，1～6岁的幼童每天食盐不应超过1克，1周岁以前辅食中不需要加盐。味精、酱油、虾米等含钠极高，但由于风味和营养，宝宝可限量进食。父母给宝宝的膳食调味品应遵循"四少一多"的原则，即少糖、少盐、少酱油、少味精、多醋。同时，还应尽量避免咸腌食品、食用罐头和含钠高的加工食品。

此外，专家还建议使用"餐时加盐"的方法控制食盐量，既可以照顾到口味，又可以减少用盐。"餐时加盐"，即烹调时或起锅时少加盐或不加盐，而在餐桌上放一瓶盐，等菜肴烹调好端到餐桌时再放盐。因为就餐时放的盐主要附着于食物和菜肴表面，来不及渗入内部，而人的口感主要来自菜肴表面，故吃起来咸味已够。这样既控制了盐量，又可避免碘在高温烹饪中的损失。

如何给宝宝正确补锌

锌是人体生长发育、生殖遗传、免疫、内分泌等重要生理过程中必不可少的物质。锌可加速宝宝的生长发育，维持大脑的正常发育，增强机体免疫力，对维生素A的代谢及宝宝的视力发育具有重要作用。

宝宝缺锌易出现厌食、头发黄、指甲出现白点、有异食癖、口腔溃疡等症状，而且免疫力低下，容易患上感冒、发热、呕吐、腹泻等疾病，生病后不容易康复。严重缺锌的宝宝凝血功能差，如被烧伤、烫伤、割伤、摔伤时，伤口凝血慢，不易愈合。

既然锌对宝宝很重要，爸爸妈妈一定想了解自己的宝宝是否属于缺锌的高危人群，这样才能有的放矢地补锌。

1. 母亲在怀孕期间摄入锌不足的孩子

如果妈妈在怀孕期间的一日三餐中缺乏含锌的食品，就会影响胎儿对锌的利用，使体内储备的锌过早地被应用，这样的孩子出生后就容易出现缺锌症状。

2. 早产儿

如果宝宝早产，容易失去在母体内储备锌元素的黄金时间（一般是在孕末期的最后1个月），从而造成先天不足。

3. 非母乳喂养的孩子

母乳尤其是初乳含锌量高，而且吸收率也较好，母乳中锌的吸收率高达62%，平均浓度为血清锌的4~7倍，大大超过了普通牛奶，因此有条件的妈妈至少要哺乳3个月。人工喂养的婴儿应该从4个月起就添加含锌量高、容易吸收的辅食，如蛋黄、猪肝、肉末、大枣等。

4. 大量流汗的孩子

大量流汗的孩子会随着体液流失大量的锌，所以爱出汗的孩子一定要补锌。而夏天气温高，宝宝普遍食欲较差，以致锌摄入减少，再加上出汗多，体内锌元素可随汗液排出，因此夏季是宝宝锌缺乏症的高发季节。

一般肉类食物中含锌量较高，且容易被人体吸收，宝宝可以吃肉类辅食后，应常给宝宝烹调一些。但需注意，富含锌的肉类食物不要与含膳食纤维较多的食物同吃，因为植物性食物所含的植酸和纤维素可与锌结合成不溶于水的化合物，从而妨碍人体对锌的吸收。肉类搭配粗粮，可促进锌的吸收。粗粮中富含氨基酸，锌在氨基酸的作用下，更容易被溶解、吸收。

此外，锌的过量摄入对宝宝有严重的危害。补锌过量会造成锌中毒，常表现为食欲缺乏、上腹疼痛、精神萎靡，严重者造成急性肾衰竭。由于锌的有效剂量与中毒剂量相差甚小，故使用不当很容易导致过量，使体内微量元素平衡失调，甚至出现加重缺铁、贫血、缺铜等一系列症状。所以，当宝宝出现缺锌症状时，不要一味补锌，导致整个饮食结构方向出现偏差。

家长只要注意给孩子适当吃鱼、瘦肉、动物肝脏、鸡蛋等，使孩子养成良好的饮食习惯，不挑食、不偏食，孩子一般不会缺锌。在用食疗给宝宝补锌时，建议经常与营养医师交流，并给宝宝做定期监测，避免宝宝锌过量。

过度补养对宝宝有哪些危害

宝宝正处于成长发育阶段，许多父母都比较注意宝宝的健康状况，担心宝宝营养不良，因此会买些营养保健品或补品给宝宝吃，如牛初乳、微量元素补充剂等，认为这些食品是补药，会促进宝宝的生长发育。其实这些营养补品的价值并不高，甚至有些补品还含有激素，可能引起宝宝性早熟。可见过度补养对宝宝不但没有好处，反而有害处。

1. 补参害处多

"少不食参"，对于人参和含参食品，健康宝宝不宜食用。服用后会削弱免疫力和抗病能力，使宝宝容易感染疾病。健康宝宝长期补参会导致早熟。服参过多对心脏也有害，可导致心收缩力减弱，血压、血糖降低，严重者危及生命。

2. 补鱼油类过多易致高血钙症

鱼油富含维生素D、维生素A。维生素D摄入过量，宝宝机体钙吸收增加会导致高血钙症，表现为表情淡漠、皮肤干燥、呕吐、多饮、多尿、体重减轻等。

3. 补钙过多易致低血压

科学研究表明，宝宝补钙过量会造成低血压，并使他们日后有患心脏病的危险。疑有维生素D缺乏症或缺钙的宝宝，应在医生指导下合理补钙。

4. 补锌过量易致锌中毒

宝宝缺锌表现为食欲缺乏、营养不良。补锌过量造成锌中毒，常表现为食欲减退、上腹疼痛、精神萎靡，严重者造成急性肾衰竭。因此，宝宝补锌一定要在医生指导下，确定科学的服用剂量。

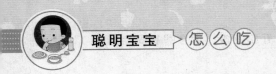

5. 多吃糖类易致"嗜糖精神烦躁症"

宝宝每日以摄入15~20克糖类为宜。过量摄入糖类常表现为爱哭闹、易冲动、睡眠差、注意力不集中、抵抗力下降，严重者还可引起腹泻、厌食、呕吐、糖尿病、肥胖症等。

总之，进补要视年龄和体质而定，从医学角度讲，一个健康的儿童是无须服用补品的。幼儿需要的营养食品，只要平时做到膳食营养平衡就能达到，不必"施补"。

第15章

早查早治，远离异常远离疾病

宝宝在婴幼儿时期常会出现这样那样的不适，有时甚至会生病。这就让年轻的爸爸妈妈非常着急担心。除了心疼宝宝外，心里也很矛盾，宝宝身体不适或生病时要不要带宝宝到医院呢？有没有既不伤害宝宝身体，又能让宝宝痊愈的两全其美的办法呢？相信本章中的家庭调理、食疗方案，会让年轻的爸爸妈妈豁然开朗，轻松地呵护宝宝健康成长。

第一节 常见问题调养，预防护理是关键

宝宝厌食——找对原因区别对待

很多父母经常会问："宝宝食欲减退，是厌食了吗？"其实食欲减退不等于厌食。真正的厌食是指宝宝长时间食欲减退，甚至拒吃，而且这种情形一般持续两个月以上。

一般宝宝在身体健康的情况下，如果平时饮食都很正常，突然出现食欲不好，不爱吃饭，有可能是疾病引起的，如腹泻、感冒、口腔溃疡、咽喉肿痛等。如果是这样，宝宝食欲不好是正常的，只要及时将疾病治好，宝宝就会恢复正常。

厌食

因此，当宝宝发生食欲减退时，父母首先要做的就是查明原因，对症治疗才有效。除疾病外，一般引起宝宝厌食的原因有以下几方面。

1. 错误的喂养方式

有些父母总是担心给宝宝的营养不足，因此每顿都让宝宝吃很多，宝宝不愿意吃，就采取诱骗、打骂、多给零食等方法，企图让宝宝多吃，结果常适得其反，造成宝宝厌食。宝宝胃容量小，如果长期给宝宝吃过多的食物，宝宝的胃就得不到很好的休息，容易造成伤食，而且父母的催逼更容易引起宝宝的厌烦情绪，使之演变成厌食。

2. 气温高、湿度大

在气温高、湿度大的夏天，或者是热带城市，大量流汗会导致锌流失严重，严重影响孩子的胃肠功能，使消化功能下降，引起厌食。

3. 情绪不稳定

情绪等神经因素对于宝宝的食欲影响也很大。当父母经常吵架、家庭氛围不和时，宝宝易出现呕吐、睡眠不安、腹泻、厌食。当宝宝受到挫折，或达不到父母的要求受到责备时，就容易影响宝宝的情绪，使之食欲下降，久而久之也就成了厌食。

当宝宝出现厌食后，父母首先要带宝宝去医院做体格检查及必要的化验，排查是否因疾病引起。如果是，要及时配合医生治疗；如果不是，就要从日常生活中寻找细节问题，确定病因，尽早进行调养。

非疾病引起的厌食一般可通过食疗进行调养。妈妈可多做一些可口的食物给宝宝吃，花样可以丰富一些，可少食多餐，尽量避免生吃瓜果，损伤宝宝脾胃，忌食零食、冷饮及油腻、辛辣食物。可通过蔬菜汁、水果泥来增加宝宝食欲，如山楂汁、胡萝卜汁、苹果泥、香蕉泥等。

‖ 调养食疗方 ‖

菠萝苹果汁

【原料】菠萝1/6个，苹果1个。

【做法】将菠萝、苹果去皮切丁，加水放入果汁机搅拌均匀，即可饮用。

【功效】适合6个月以上宝宝食用。可促进消化，补充维生素C，缓解宝宝厌食。

梨粥

【原料】雪梨2个，粳米90克。

【做法】粳米淘洗干净；梨洗净，去核，连皮切碎，放入锅中，加水适量，煮沸后，用小火煎煮30分钟，加入粳米，继续熬煮成粥，待晾至温热后，给宝宝喂食。

【功效】适合6个月以上宝宝食用。梨粥可开胃健脾，促进消化吸收，缓解宝宝厌食。

荞麦芝麻粥

【原料】荞麦100克，芝麻20克。

【做法】将荞麦和芝麻同煮成粥即可。1-3岁的宝宝每天食用不能多于100毫升。

【功效】适合1岁以上宝宝食用。开胃宽肠，下气消积，清泻内热。

温馨提示

喂养厌食的宝宝是一件困难的事，所以妈妈们要有耐心，多想办法，多引导，激发宝宝对食物的兴趣，逐步让宝宝爱上吃饭。

【护理方法】

1. 捏脊

家长在早晨醒来或晚上睡觉前，沿着小儿脊椎两侧自上而下来回推捏，从低头时颈后隆起的最高处的下方开始，直至尾骨下端。每次捏脊3~5次，一周为1个疗程。

2. 做脐疗

将莱菔子、鸡内金、枳实、山楂各等份，一起研末。将适量药末撒在伤湿止痛膏上，贴在宝宝肚脐上，每天贴1次，每次贴3~5个小时。脐疗适用于脾虚胃弱，且运化失常的宝宝。

 ## 宝宝太胖——找对原因轻松"瘦下来"

小儿肥胖的限定是指体重超过正常平均值的20%以上。肥胖宝宝活动时常表现出心跳过速、气短、易劳累等，同时还容易引起一些合并症，如婴儿期肥胖儿容易患呼吸道感染、重度肥胖儿童易患皮肤感染等。如果婴幼儿时期肥胖，成年后发生肥胖的概率比正常孩子高很多倍，发展成高血压、冠心病、糖尿病等疾病的比例也比正常孩子高，而且婴幼儿时期肥胖，手眼协调能力和肢体协调能力也会下降。可见，肥胖不仅对身体的发育有影响，对智力和精细动作的发育也有影响。

那么，是什么原因导致宝宝出现肥胖问题的呢？主要原因来自于父母的喂养方式与饮食习惯。

1. 喂养方式

能量的摄入大于消耗是引起肥胖的根本原因。肥胖的孩子一般食欲都好，而有的家长就认为只要宝宝肯吃，就要给宝宝添加，结果宝宝吃得越多身体越胖，越胖的孩子就越想吃东西，长期以来就会形成一种恶性循环，宝宝从食物中摄入的能量远超过消耗量，使过多脂肪堆积体内，引起肥胖。针对这种情况，家长应让孩子采取少量多餐的进餐方式，将全天需要的总热量分成4~5份，以减轻孩子胰腺的负担。同时加大孩子的活动量，常与宝宝做游戏，多去户外晒太阳，这样既可锻炼体能，缓解肥胖问题，让多余的脂肪通过运动得以消耗，脂肪就不易堆积，还对宝宝骨骼发育有好处。

强迫孩子多吃也易引起肥胖。有些父母不喜欢宝宝总剩饭菜，强迫宝宝将剩下的全部吃完，不知不觉中就扩大了宝宝的胃容量，也就引起了肥胖问题。

在进食方面，只要孩子吃饱就行，不要硬性规定孩子必须吃多少。对于偏食、挑食的孩子，家长可主动灌输一些营养知识，使其了解平衡膳食的好处。

2. 饮食习惯

吃饭速度过快是引起肥胖的一个重要原因。正常情况下，进餐10~15分钟后大脑才能得到吃饱的信号。如果吃饭速度太快，就会出现虽然已经吃饱，但自己仍没有感觉，不知不觉就会吃多。另外，进食太快，食物得不到细致的咀嚼会加重孩子肠胃的负担，因此，家长必须教育孩子吃饭时要细嚼慢咽。同时，家长也要将食物做得尽可能细碎些，以利于孩子的消化吸收。

饮料喝得太多也是一部分孩子肥胖的原因。一瓶500毫升的甜饮料相当于半两米饭或馒头等主食所提供的热量，同时碳酸饮料会加速骨质流失。因此，家长一定要让孩子养成口渴喝白开水的好习惯，不能贪恋饮料。

常吃"垃圾"零食也是一部分孩子肥胖的原因。有些宝宝平日里养成了挑食、偏食的习惯，但见了零食就不停地吃，将饮料、薯条、饼干、巧克力当作主食，殊不知这些食物不仅热量高，脂肪含量也高，结果这种不良习惯终究使宝宝演变成一个小胖墩。因此，家长不要给宝宝购买高热量、高脂肪的零食。

由于宝宝正处于快速生长发育时期，所以这个时期的减肥不能单纯依靠控制饮食，而需要从改变喂养习惯入手，纠正孩子的不良饮食方式，科学合理膳食，通过食疗逐渐使宝宝"苗条"起来。

◎————‖ 调养食疗方 ‖————◎

五谷豆浆

【原料】黄豆、黑豆、绿豆、小米、花生、大枣、芝麻、亚麻子各适量。

【做法】将以上食材全部洗净，用清水浸泡12个小时，再换清水，放入豆浆机打熟即可。

【功效】适合6个月以上的宝宝饮用。此豆浆为高蛋白、低脂肪，同时对元气不足导致新陈代谢功能低下的孩子很有裨益。

禁　忌

豆浆不宜与果汁一同饮用，因为果汁中富含的维生素C易使豆浆中的蛋白质凝结，造成腹胀，不易消化。豆浆也不宜空腹饮用，最好搭配馒头等小点心才能使营养物质被人体充分吸收。

凉拌百合芹菜

【原料】鲜芹菜250克，百合、胡萝卜各100克，醋、食盐各适量。

【做法】先将芹菜洗净切段，胡萝卜切丝，百合用水泡发，然后分别焯一下水。再将三种食物拌匀，加适量的醋、盐，拌匀食用。冬天可用适量油炒过后食用。

【功效】适合10个月以上的宝宝食用。该菜脂肪含量低，非常适合肥胖宝宝食用。

玉米白菜干海带汤

【原料】鲜玉米100~150克，白菜50克，海带30克，新鲜猪骨100克，调料适量。

【做法】将以上食材洗净，一起放入砂锅，加适量清水煲汤饮用。

【功效】适合10个月以上的宝宝食用。该汤脂肪含量低，适合肥胖宝宝饮用。

冬瓜粥

【原料】冬瓜150克，大米50克。

【做法】冬瓜去瓤和皮，洗净，切成薄片；大米淘洗干净，用清水浸泡30分钟；将冬瓜片和大米一同放入砂锅中，加适量水，熬煮成粥即成，晾至温热后给宝宝食用。

【功效】适合8个月以上宝宝食用。冬瓜中水分较多，热量较低，是肥胖宝宝的最佳食物。

纯豆浆

【原料】黄豆60克，白糖少许。

【做法】用水浸泡黄豆4～6小时，捞出，洗净，倒入豆浆机杯体中，打成豆浆即可，滤出汤汁，晾温，加少许糖调味。不可长期饮用，1周饮用2～3次即可。

豆浆

【功效】适合6个月以上宝宝饮用。豆浆属高蛋白、低脂肪食物，可加快身体的新陈代谢，减少体内油脂，缓解肥胖。

芹菜百合汤

【原料】芹菜200克，百合80克。

【做法】将芹菜抽丝，洗净，斜切成条状；百合用温水泡发，一同放入榨汁机中，打碎，倒入奶锅中，加适量清水，小火熬煮15分钟，即可给宝宝食用。

【功效】适合8个月以上宝宝饮用。芹菜富含膳食纤维，可促进胃肠蠕动，帮助消化，搭配百合可清心润肺、清热排毒，缓解肥胖。

温馨提示

让宝宝远离肥胖，家长要避免填鸭式喂养方式。不要无休止地让宝宝多吃多喝。尽管婴幼儿期无须减肥，也无需限制宝宝的食量，但如果宝宝体重超标，就应该合理地调整宝宝的饮食结构。如让幼儿期的宝宝多吃蔬菜等低热量食物，减少谷物和蛋肉的摄入量，少吃高糖、高脂等高热量食物。

宝宝铅中毒——吃对饮食远离铅污染

铅是一种有毒的重金属，在我们日常生活中比较常见，比如电池、铝合金制品、保险丝等。随着现代工业、交通的发达，铅污染日趋严重，已成为影响人们健康的一大公害，造成慢性铅中毒的主要原因就是环境污染。

有害铅尘一般在1米以下位置浮动，铅及其化合物可通过呼吸道和胃肠道被人体吸收，尤其是处于生长发育期的婴幼儿，对铅的吸收率远高于成人，而婴幼儿排出重金属的能力又远远低于成人。

铅中毒的危害极大，主要表现在对神经系统、血液系统、心血管系统、骨骼系统等方面终身性的损害。宝宝铅中毒多为慢性中毒，早期缺乏特异性表现。早期宝宝表现为厌食及哭闹、食欲减退、腹泻、便秘、消化不良，常伴有烦躁、冷漠、倦怠、嗜睡等，较大的宝宝表现为注意力不集中、生长迟缓、免疫力低下。如果血液中含铅量大，还会导致贫血、心血管病、心脏功能紊乱等疾病。但是铅中毒不会很快发作，是长期积累的结果，是看不见的，等发现宝宝中毒已经影响发育了。预防和检测非常重要，目前最可靠的方法是血液检测。

因此，为了防治铅中毒，爸妈一定要注意。首先可以通过食疗，

为宝宝制作排铅套餐，帮助宝宝排出毒素。

‖ 调养食疗方 ‖

🌿 山楂糕

【原料】新鲜山楂100克，冰糖50克，琼脂10克。

【做法】将山楂洗净，去核，琼脂剪成小段用温水泡软；将山楂、琼脂放入锅中，加适量冷水大火煮至山楂熟烂、琼脂溶化；将山楂捣成果泥，加入冰糖，小火慢煮至黏稠倒入一个容器中晾凉，等山楂糕完全凝固后即可食用。

【功效】健脾开胃，有助于铅的排出，适合6个月以上宝宝食用。山楂中富含维生素C，维生素C与铅结合形成溶解度低的铅盐，可以减少铅的吸收；山楂中钙、铁、锌的含量很高，可抑制铅的吸收；山楂中的膳食纤维和果胶也有助于铅的排出。

🌿 木耳（银耳）羹

【原料】木耳（银耳）20克，大枣、莲子各5克，冰糖或红糖适量。

【做法】木耳（银耳）用清水浸泡6小时，然后切碎；切碎的木耳（银耳）与大枣、莲子一同放入锅中并加适量清水炖至黏稠；有内热的宝宝调入冰糖，有内寒的宝宝调入红糖拌匀即可。

【功效】适合8个月以上宝宝食用。木耳（银耳）的胶质可把残留在人体消化系统内的灰尘、杂质吸附，集中起来排出体外，从而起到清胃涤肠的作用。

🌿 胡萝卜牛奶

【原料】胡萝卜50克，牛奶200毫升。

【做法】胡萝卜去皮洗净，煮熟后取出，压烂，加入牛奶调成糊状，给宝宝食用。

【功效】适合8个月以上宝宝食用。胡萝卜中富含铁，牛奶富含蛋白质，蛋白质和铁可取代铅与组织中的有机物结合，加速铅代谢。

橘汁

【原料】新鲜橘子1个。

【做法】将橘子去除皮和络，放入榨汁机中加适量温开水，搅打成汁滤出，即可给宝宝饮用。每天饮用150毫升。

【功效】适合6个月以上宝宝饮用。橘子富含维生素C，维生素C与铅结合生成难溶于水的物质，随粪便排出体外。

甘草绿豆汤

【原料】甘草10克，绿豆50克。

【做法】将甘草装入干净的纱布包中，与绿豆一起煮汤，煮至绿豆酥烂，晾温，即可给宝宝食用。

【功效】适合6个月以上的宝宝食用。绿豆具有很好的解毒功效，搭配甘草可补脾益气、清热解毒、祛痰止咳，排出宝宝的身体毒素。

免疫力低下——增强免疫力的饮食方法

胎儿在妈妈的腹中可从妈妈那里得到免疫保护，出生至6个月的宝宝可以从妈妈的乳汁中得到免疫物质，不容易生病。而6个月至3岁的婴幼儿，处于生理上的免疫功能不全期，免疫力低下，很容易患上流感、哮喘、肺炎、腹泻、支气管炎等疾病。孩子患病后，如果反复使用抗生素等药物，会使肠道内的有益菌群遭到破坏，进一步降低孩子的免疫力，形成恶性循环，并且还会影响孩子一生的健康。

免疫力强的孩子很少生病，身体其他各方面表现也都很好，而免疫力低下的孩子主要表现在三个方面的不足。①长得不高，孩子身体发育滞后，个子要比同龄孩子低；②长得不快，主要表现在孩子智力发育水平低，反应慢；③长得不壮，孩子对环境的适应能力较差，在季节交替时易感冒、发热等。

增强宝宝免疫力的科学方法有以下几种。

1. 选对时期，持续进行，不能中断

增强宝宝免疫力的最佳时期是6个月至3岁，如果这个时期大意，会对孩子将来的体质造成不良影响。

2. 坚持适度、持续、循序渐进的锻炼原则

孩子的生长和自然界其他事物一样，有一定的规律性，如3个月可在俯卧时用手臂支撑并抬头，4~6个月会翻身，7~8个月会爬，1周岁会站立或行走，家长可按此规律帮助孩子锻炼。而适量的锻炼能促进人体的内循环和内分泌，使人体脏器的各项功能都维持在一个较高的水平，从而有效地提高人体的免疫力。

婴儿可从晒太阳开始逐步增多户外活动，幼儿可做一些简单的器械锻炼或做做体操。但需要注意的是锻炼过度反而会使免疫力下降。

3. 合理膳食，营养搭配合理

1岁以下的婴儿，母乳喂养的孩子抵抗力明显要比其他方式喂养的孩子好。母乳是婴儿最理想的食物，它营养丰富，易于消化、吸收、利用。此外，母乳中含有免疫因子，是婴儿生长发育最理想的食品。人工喂养的宝宝要选择可以增强免疫力的配方奶粉。1岁以上的宝宝，虽然要以辅食为主，但配方奶粉仍是膳食中重要的补充，它能补充日常膳食中不全面的营养。

‖ 调养食疗方 ‖

 小米大枣汤

【原料】干品大枣5枚，小米适量。

【做法】将干品大枣浸软洗净，掰开后与淘洗干净的小米煮成稠粥，取清汤按需喂食。

【功效】适合4个月以上宝宝食用。本汤可益智健脑，宁心安神，增强食欲，提高宝宝免疫力。干大枣产热量很高，而且富含果胶、果糖、蛋白质、钙、磷等营养素。药理研究发现，大枣能促进白细胞的生成，降低血清胆固醇，提高人体免疫力。

 山药粥

【原料】山药1/2根，大米或小米适量。

【做法】将山药洗净、去皮，切成小方块，与大米或小米一起煮成粥后，将山药用勺碾碎，用勺喂宝宝即可。

【功效】适合4个月以上宝宝食用，可增强宝宝免疫功能。山药的营养价值非常高，含有大量蛋白质、淀粉、B族维生素、维生素C、维生素E、葡萄糖等，可促使机体T淋巴细胞增殖，增强免疫功能，延缓细胞衰老。

 鳝鱼羹

【原料】黄鳝500克，山药、薏米各100克，芡实50克。

【做法】黄鳝先用清水养几天，让其吐出泥沙杂物，做之前用精盐抓去体表黏液。将山药、薏米、芡实、黄鳝同炖。给宝宝一天适量饮用2次。

【功效】适合10个月以上宝宝食用。中医学认为，黄鳝味甘，性温，有补中益气、补肝脾、除风湿、强筋骨等作用。小暑前后1个月的鳝鱼最为滋补，可预防夏季食物消化不良引起的腹泻和夏季暑湿，对小儿先天不足导致的免疫力低下也有很好的补益作用。

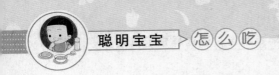

🌀 香菇小米粥

【原料】香菇2朵，小米、薏米各适量，菱角4个。

【做法】薏米提前浸泡4小时，上述食材洗净同煮至黏稠即可。

【功效】适合8个月以上宝宝食用。滋阴养血，除湿散寒，提高免疫力。

🌀 芋头粥

【原料】芋头50克，小米100克。

【做法】将芋头去皮，切成小丁，与小米一起煮成黏稠的粥即可。

【功效】适合7个月以上宝宝食用，可增强宝宝免疫功能。芋头富含蛋白质、钙、磷、铁、钾、镁、钠、胡萝卜素、烟酸、B族维生素、维生素C等多种营养成分；芋头中含有一种黏液蛋白，被人体吸收后能产生免疫球蛋白，能增强人体免疫功能；芋头还是一种碱性食品，能中和体内积存的酸性物质，调整人体的酸碱平衡。

第二节 常见病调治，让宝宝一路健康成长

 便秘——选对食物让宝宝吃得下拉得出

便秘是婴幼儿的一种常见病症，多由于宝宝摄取食物中纤维素少而蛋白质成分较高引起。宝宝便秘后，常会感到头晕、头痛、焦躁不安、肚子膨胀、食欲减退、口酸口臭、眼屎、湿疹增多，对健康非常不利。有研究显示，经常便秘的宝宝对外界事物淡漠，有时会显得呆头呆脑。而且宝宝便秘时，每次排便都会啼哭不休，甚至发生肛裂，从而使宝宝对排便产生恐惧心理，造成恶性循环，加重便秘。

便秘是一种习惯病，虽然有些药物可缓解便秘，但"是药三分毒"，长期依赖药物通便，容易导致宝宝胃肠功能紊乱。因此，宝宝便秘主要应从饮食习惯和日常生活习惯方面加以调养，具体如下。

宝宝便秘

1. 饮食习惯

养成良好的饮食习惯，平时多吃新鲜蔬菜和水果，如芹菜、油菜、空心菜、白菜、胡萝卜、苹果、香蕉、梨等。适时给宝宝加一些粗粮，如荞麦、玉米、大麦等富含维生素的食物。忌食冷饮，少吃奶酪、精细粮食（珍珠米、免淘米）等，饮食的品种和花样可以多一点，以平衡营养成分，还要注意每天给宝宝补充足量的水。

2. 生活习惯

从4个月起，给宝宝添加辅食，并培养宝宝每日排便的生活习惯。一般婴儿从出生60天起因进食后肠蠕动加快，常会出现便意，故一般宜选择在进食后让宝宝排便，建立起大便的条件反射。忌暴饮暴食，养成按时吃饭、按时睡觉的好习惯，形成有规律的人体生物钟，这样可促进胃液分泌，促进食物消化。

0-3岁的宝宝便秘需要使用内外结合的方法，通过耐心的治疗才能根除，而食疗是治疗便秘的最佳方法。

‖ 调养食疗方 ‖

甜杏仁粥

【原料】杏仁露（成品）100毫升，大米80克。

【做法】大米淘洗干净，放入锅中，加适量清水，熬煮成烂粥，再加入杏仁露，继续熬煮片刻即成。晾至温热后给宝宝食用，每日早、晚各1次。

【功效】适合10个月以上宝宝食用。杏仁露中富含蛋白质、脂肪、糖类、胡萝卜素、B族维生素、维生素C、维生素P以及钙、磷、铁等营养成分，可滋阴润肺、止咳平喘、润肠通便，对便秘有很好的调养作用。

松仁芝麻粥

【原料】松仁10枚，芝麻6

克，大米10克。

【做法】大米淘洗干净，与松仁、芝麻同煮成粥，晾至温热后即可给宝宝食用。

【功效】适合10个月以上宝宝食用。松仁可补肾益气、养血润肠、润肺止咳；芝麻可养发生津、润肠通便，两者搭配做成粥，既可帮助宝宝通便，更有利于宝宝对营养的吸收。

 芝麻粥

【原料】黑芝麻5克，大米30克。

【做法】黑芝麻炒熟后研碎；大米淘洗干净开水浸泡1小时，再加入适量开水煮至米酥汤稠，加入研碎的黑芝麻粉，继续稍煮片刻即成。每日1次，连服3日。

【功效】适合8个月以上宝宝食用。芝麻粥可润肺补肾，利肠通便，缓解便秘症状。

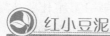 **红小豆泥**

【原料】红小豆适量。

【做法】将红小豆用温水浸泡24小时，然后放入水中煮烂，去皮，碾成泥状，用小勺喂宝宝。

【功效】适合6个月以上宝宝食用。红小豆含有较多的膳食纤维，具有良好的润肠通便作用。

 橙汁

【原料】橙子1个。

【做法】橙子洗净、去皮，切成小块，放入开水中煮5分钟，晾温后即可给宝宝饮用，随饮随煮；也可将橙子带皮从中间切开，取其中一半反扣在榨汁器上榨鲜果汁，兑入2倍于果汁的温开水给宝宝喝，随榨随饮。

【功效】适合4个月以上的宝宝饮用。橙子味甘酸，性凉，具有生津止渴、开胃下气的功效。橙子维生素C含量丰富，其所含的纤维素和果胶可促进肠道蠕动，有利于清肠通便，排出体内的有害物质。

【护理方法】

抚触按摩治便秘：从宝宝3个月后开始进行。抚触时，妈妈右手指尖向左侧放在宝宝下腹部，全手掌接触到宝宝的皮肤后，沿顺时针方向开始推向左上腹，再转向右上腹、右下腹终止。随后左右手并排跟进，沿同一轨道至右下腹处终止。重复3～4次。抚触力度可稍大一些，可见指尖前的皮肤出现褶皱，动作要慢。长期坚持可促进宝宝胃肠蠕动，使宝宝大便通畅，同时还能增强宝宝胃肠功能。

 ## 腹泻——饮食调养杜绝"一泻千里"

宝宝腹泻是消化系统疾病中的常见症状，一般可分为感染性腹泻和生理性腹泻两种。感染性腹泻多由于细菌引起，生理性腹泻发病的原因较多，如宝宝脾胃不和、受凉等都会引起腹泻。表现为改变原来排便习惯，排便次数明显增多，粪便稀薄或含有脓血。腹泻好发于6个月至2岁的婴幼儿，多发在夏秋季节。长期腹泻易导致宝宝营养不良，反复感染，甚至影响宝宝的正常发育。

当宝宝发生腹泻后，可以想一想孩子最近吃什么了，是否肚子受凉了，是什么原因引起的。如果查不出来，可到医院给宝宝化验大便，这样可以避免交叉感染。病因确定后再有针对性地用药和护理。一般发生腹泻后，不会马上就好，要有一个逐渐好转的过程，最快恢复过程也需要1～3天，所以父母们要有心理准备。

宝宝腹泻，家长要合理调整宝宝的饮食。宝宝的饮食应以清淡、易消化，富含蛋白质、维生素和微量元素的食物为主，不要吃过于油腻的烧烤油煎食品。烹调采用汤、粥、羹、糕等形式以利于脾胃消化和吸收。家长要注意食有节制，防止过饱伤及宝宝脾胃。

经常腹泻的宝宝除了药物治疗外，还可通过食疗搭配中医艾灸、按摩等方法来缓解病症。需注意的是，烹饪膳食以软、烂、温、淡为主，同时注意多喝水，防止宝宝脱水。

◇————————‖ 调养食疗方 ‖————————◇

 大蒜粥

【原料】紫皮大蒜2～4瓣，大米80克。

【做法】大蒜去皮，洗净，切片；大米洗净，放入锅中，加适量清水，放入大蒜同煮成粥。晾至温热后，给宝宝食用。

【功效】适合4个月以上宝宝食用。大蒜中含有蛋白质、脂肪、糖、维生素和矿物质等多种营养成分，有强烈的杀菌作用，对葡萄球菌、链球菌等均有良好的杀灭作用，可治疗宝宝因细菌感染造成的腹泻。

 焦米粥

【原料】大米、糯米各20克。

【做法】将大米、糯米放入铁锅里用小火炒至米稍稍焦黄，然后用这种焦黄的米煮粥，给宝宝服用。更小月龄的宝宝服用时，只喝米汤。

【功效】适合4个月以上宝宝食用。焦米粥有助于止泻，并能促进消化，可治疗细菌感染造成的腹泻。

 胡萝卜水

【原料】新鲜胡萝卜250克。

【做法】将胡萝卜洗净，带皮切块，放入锅中煮烂，代水给宝宝喝。

【功效】适合5个月以上宝

宝饮用。胡萝卜可调和脾胃，收敛水分，适用于脾虚引起的腹泻。

酸，可吸附体内毒素，收敛水分，有助于缓解宝宝腹泻症状。

 苹果泥

【原料】苹果1个，白糖适量。

【做法】将苹果洗净，去皮和核，切丁，放置于碗中，加入适量凉开水，撒上白糖拌匀，上笼蒸20～30分钟，取出后，用小勺压成泥状，待凉后给宝宝喂食。

【功效】适合4个月以上宝宝食用。苹果中富含果胶和鞣

 韭菜粥

【原料】大米40克，韭菜15克。

【做法】将韭菜清洗干净切小；锅内放入大米、韭菜及水大火煮开，改小火至米熟烂。

【功效】适合9个月以上的宝宝食用。韭菜有助于坚固胃肠，缓解腹泻。如果宝宝常腹泻，1周可喂2～3次。

【护理方法】

1. 艾灸治腹泻

从药店买回艾条，点燃后，在宝宝肚脐至小腹的部位与皮肤相隔1寸的距离来回熏灸。一般1岁以内的宝宝熏5分钟，1-3岁的宝宝熏10分钟。腹泻严重者可一日熏3次，隔1～2天再熏一次。应避免导致内热，引起宝宝上火。

 温馨提示

若用艾条直接熏，父母一定要注意及时弹掉艾条上的烟灰，不能让烟灰掉落在宝宝娇嫩的皮肤上。最好在宝宝睡觉的时候熏，并注意不要让宝宝乱动，以防烫伤。

2. 生姜按摩治腹泻

生姜可祛除寒气，如果宝宝因着凉或过食凉食引起腹泻，妈妈可将老姜捣烂出汁，敷于宝宝肚脐上，顺时针按揉3分钟，逆时针按揉3分钟，待宝宝打嗝或者放屁以后症状就会缓解。虽然当时不会马上见效，但多揉几次，对宝宝腹泻是很有帮助的。

 ## 咳嗽——风寒风热对症"食疗"

宝宝咳嗽常与感冒、发热并发，且持续时间较长，有时感冒、发热好了，宝宝仍会咳嗽。咳嗽的产生是由于异物、刺激性气体、呼吸道内分泌物等刺激呼吸道黏膜里的感受器时，冲动通过传入神经纤维传到延髓咳嗽中枢，引起咳嗽。宝宝咳嗽多以风热、风寒、肺脾气虚等类型较常见。

咳嗽

治疗咳嗽最好的方法就是食疗，但需注意分清症状，选对食材，否则对病情不会起作用。

风寒咳嗽多由宝宝受寒引起，表现症状为舌苔发白、痰稀、白黏，咳嗽前一般会打喷嚏、鼻塞、流鼻涕，食疗方应趋向温热、化痰、止咳的食物，如红糖姜水、蒸大蒜水、烤橘子等。风寒咳嗽期间不要给宝宝吃寒凉食物，否则易引起腹泻，而且影响食疗效果。不可吃的寒凉食物有雪梨、百合、薄荷、西瓜、绿豆、石榴、柚子、海带、紫菜、金银花水、菊花水等。

风热咳嗽一般是肺热引起的，表现症状为舌苔红、黄，咳嗽出黄稠的痰，而且不易咳出，并有咽痛。食疗方应趋向清肺、祛痰、止

咳的食物，如罗汉果、冰糖雪梨、秋梨膏、枇杷、荸荠、煮白萝卜水等。不可食用上火温补的食物，如生姜、葱白、牛肉、羊肉、荔枝、龙眼、松子、大枣、烧带鱼等，以免加重病情。

‖ 调养食疗方 ‖

1. 风寒咳嗽

 生姜红糖大蒜水

【原料】生姜2片，大蒜2～3瓣，红糖20克。

【做法】将生姜切成细丝，大蒜捣碎，与红糖一同放入锅中，加入适量温开水，小火煮10分钟，把蒜头的辣味煮掉，滤出汤汁，稍加稀释，趁热给宝宝饮下。喝过后，需注意保暖，每日早、晚各1次，连服3天。

【功效】适合6个月以上宝宝饮用。生姜可祛寒湿、通血脉，大蒜可杀灭体内有害病菌，搭配红糖制成汤剂，有助于治疗风寒咳嗽。

 麻油姜末炒鸡蛋

【原料】鸡蛋1个，麻油1小勺，姜末少许。

【做法】鸡蛋洗净，磕开，取出蛋黄，打散；将一小勺麻油放入炒锅内，油热后放入姜末，稍在油中过一下，加入鸡蛋液炒匀即成。每晚临睡前吃1次，连服3～5天。

【功效】适合8个月以上宝宝食用。鸡蛋营养丰富，搭配生姜、麻油，可温中补气、益气润燥，对风寒咳嗽治疗效果较好。

2. 风热咳嗽

 **川贝冰糖雪梨**

【原料】雪梨1个，冰糖25克，川贝母少许。

【做法】雪梨洗净，去皮，去蒂，挖出雪梨心，切块；将川贝母、冰糖、雪梨一同放入锅中，煮沸后，小火熬炖45分钟，捞出川贝母，捣烂梨块，晾温给宝宝食用。

【功效】适合8个月以上宝宝食用。雪梨可生津止渴、润肺祛燥，搭配冰糖、川贝母，可止咳化痰，治疗风热咳嗽。

贝母粥

【原料】大米40克，冰糖10克，川贝母少许。

【做法】将川贝母研成细末；大米洗净，放入锅中，加适量清水煮沸，加入贝母粉、冰糖，再用小火烧煮片刻即成。

【功效】适合8个月以上宝宝食用。贝母可润肺养胃、化痰止咳，与冰糖搭配入粥更容易被宝宝消化吸收，对治疗风热咳嗽效果较好。

胡萝卜香菜粥

【原料】胡萝卜10克，香菜5克，大米100克。

【做法】大米煮粥；胡萝卜切成丝，香菜切段，再与煮好的大米粥同煮5分钟即可。

【功效】适合8个月以上的宝宝食用。清热生津，止咳消胀。

荸荠水

【原料】荸荠2～3个。

【做法】荸荠去皮，切成薄片，放入锅中，加适量水，煮5～8分钟即成。

【功效】适合4个月以上的宝宝食用。大孩子可吃荸荠肉，小宝宝只喝荸荠汤。荸荠性寒，荸荠水能化痰、清热，对热性咳嗽吐脓痰者效果较好。

 ## 感冒——吃对食物胜似吃药

感冒是宝宝最容易发生的一种常见病，尤其在换季、天气骤变、宝宝抵抗力差时容易发生。要治疗感冒一定要分清风寒还是风热，症

状不一样，食疗的方法也大相径庭。

1. 风热感冒

风热感冒一般是由于上火引起，宝宝风热感冒时，通常在感冒之前就出现喉咙痛，感冒时，咳嗽带痰，痰液呈黄色或带黑色，伴有黄色浓涕，舌苔带有黄色，也有可能是白色，舌体通常比较红；便秘、身热、口渴。宝宝生命活动旺盛，内火较大，加之脾胃发育不完善，消化不良时，很容易引起内热症状，这也就是中医所说的"内热外感"。所以，一般风热感冒时，中医通常使用清热解毒、定惊安神的温和药剂。

2. 风寒感冒

风寒感冒多由受凉引起，发作时，舌无苔或薄白苔，流白色或稍微带点黄色的清涕，如果宝宝鼻塞，喝点热开水后就开始流清涕。宝宝风寒感冒时，可以用清热解毒、定惊安神的中药剂。此时，宝宝脾胃寒气重，很容易引起腹泻，所以还应给宝宝搭配一些温中健脾的食疗餐，辅助治疗，使身体逐渐康复。

无论是风寒感冒，还是风热感冒，喂药时，千万不可中药、西药一起吃，两种不同的药一起吃，互相影响效果，不仅达不到治疗的目的，还容易引起孩子不适。一般来说，中药基本都是苦的，很不好喂，所以最好选择粉末状的中药剂调成糊给宝宝喂下，然后赶紧让宝宝喝点水压下去。一般宝宝都不会吐出来，药效也能得到充分发挥。如果宝宝不愿吃也应该另寻其他治疗方法，毕竟吃药是有剂量要求的，吃一点吐一点是不会起效的。

建议宝宝轻微感冒不吃药。可以在饮食和护理上多下工夫，如多给宝宝喝水，饮食清淡，注意保暖等。但如果经过检查确诊是支原体病毒引起的感冒，要遵医嘱配合抗生素治疗。

‖ 调养食疗方 ‖

 小米大枣粥

【原料】小米80克，大枣3~4枚。

【做法】小米洗净，用温水浸泡15分钟，滤去水分；大枣用温水浸泡至软，去除皮和核，切碎；将小米与大枣碎同煮成稀粥，取小米粥油与枣泥喂食宝宝。

【功效】适合6个月以上宝宝食用。大枣健脾养胃，搭配小米粥油对疾病后的宝宝身体恢复极有好处，适合风寒或风热感冒后身体恢复阶段的宝宝食用，可保护宝宝胃黏膜，增强食欲。

 大蒜粥

【原料】大米40克，大蒜3瓣，胡萝卜、小白菜叶各适量。

【做法】大米淘洗干净；大蒜洗净，捣烂；胡萝卜洗净，切丝；小白菜叶洗净，剁碎；将大米和大蒜一同放入锅中，加适量清水，熬煮15分钟，放入胡萝卜、小白菜，继续熬煮成稀粥即成。趁热喝汤，吃大蒜。

【功效】适合8个月以上宝宝食用。大蒜具有杀菌作用，煮熟后辛热、糯甜，特别适合宝宝感冒期间食用。

 白果莲子粥

【原料】糯米80克，白果2~3枚，莲子3~5枚，冰糖少许。

【做法】糯米淘洗干净，用水浸泡15分钟；白果洗净，捣烂；莲子洗净，用温水浸泡30分钟，捣碎；将上述食材一同倒入煲中，加适量清水，以大火煮沸，转小火熬煮成稀粥即成。

【功效】适合10个月以上宝宝食用。白果莲子粥可滋阴润肺，止咳化痰，适合宝宝鼻塞痰多时食用。

【护理方法】

1. 艾叶煮水洗澡法

在中药房买来艾叶，水煎，捞出残渣，配好水温即可洗澡。适合风寒感冒的宝宝使用，但要把握使用的量，药浓度过高易引起过敏性皮疹。

通常预防感冒的量为：0-6个月的宝宝，每次10~20克，每日1次；6-12个月的宝宝，每次20~30克，每日1次；1岁以上的宝宝，每日30克，每日1次，每周2~3次。

感冒治疗的量为：0-6个月的宝宝，每次20~30克，每日1次；6-12个月的宝宝，每次30~50克，每日1次；1岁以上的宝宝，每日50克，每日1~2次。严重寒气入侵的需要连续洗3天。

2. 帮助宝宝通气化痰

由于宝宝年龄小，并不懂得如何将痰液咳出，鼻塞严重时，还会出现拒食症状。因此，妈妈一定要帮助宝宝通气化痰。

一般来说，感冒会持续5~7天。如果宝宝感冒药吃了快一周，仍旧流黄涕、咳嗽，嗓子里有痰，但精神、吃饭、睡觉都逐渐正常起来，很可能宝宝感冒已经好了，只是因为前期感冒流鼻涕引起鼻黏膜充血，诱发了季节性鼻炎。此时，妈妈们先不要去医院打针，可以给宝宝吃点化痰的小中药，或去药店买滴鼻液用水稀释后（水和滴鼻液的比例是1:1），在清洁宝宝鼻腔后连续给宝宝滴1~2滴，症状即可缓解。

宝宝痰多时，可以将雪梨捣烂，熬成雪梨汤，或购买秋梨膏、罗汉果等食品，都可缓解症状。

发热——吃好食物为宝宝"降温"

发热常与感冒一同发生，多由于上呼吸道感染、胃肠或泌尿道感染、肺炎、不明发热等原因引起。发作时，宝宝体温升高，哭闹不休，高热时容易引起惊厥症状。所以，宝宝发热时，首先要做的就是给宝宝降温退热，建议家中应常备退热药或栓剂，栓剂退热快，而且不伤宝宝脾胃。

发　热

宝宝发热一般先不要着急上医院，避免产生交叉感染，可依据下列方法做初步处理。

1. 确定体温

一般宝宝体表温度较高，发热时温度升高快，为免误测高温虚惊一场，首先要确定体温。可将体温表甩到35℃以下，然后夹在宝宝的腋窝处，等10分钟以上。宝宝体温低于37℃属于正常体温，37~38℃为低热，超过了38℃也别慌，宝宝耐受程度与成年人不同，有时高达39℃，也许表现得还挺有精神。此时爸爸妈妈要保持镇定，从容应对比慌乱更有用。

2. 及时补水

宝宝发热时，身体不会出汗，所以只要宝宝精神好，一定要给宝宝多喝些水，如温开水、果汁、运动饮料等，宝宝可以通过排尿、排汗，使身体温度逐渐下降。含有糖分的果汁，还可为宝宝补充体能，对抗疾病。

3. 预防高温惊厥

高温会引起惊厥，惊厥对宝宝大脑伤害很大，建议宝宝6个月后，家中常备些退热贴，一旦发热超过38℃即可在脑前、脑后各贴一片，这样有利于保护脑细胞不受高热的损害。如果没有备，也可以用湿毛巾敷脑门退热。体温过高的宝宝需马上进行温水浴，在水里浸泡时间稍长一点，并用热毛巾在宝宝的脖子两侧、胳肢窝、腹股沟多擦几次，至皮肤发红为止。洗过之后每隔15分钟测一次体温，如果温度还是过高，可以再进行一次。

按照以上方法，一般宝宝的体温可以得到有效的控制。宝宝发热的时间为2～3天，有时会有反复，但只要不引发高温惊厥，父母有足够的时间观察、辅助治疗或去医院就诊，但需注意不要延误病情。

此外，由于发热与感冒并发，所以在宝宝发热期间，也可通过食疗调养的方法为宝宝缓解病情，但要注意分清风寒与风热。

◎───────────‖ 调养食疗方 ‖───────────◎

1. 风寒发热

生姜红糖水

【原料】姜3～4片，白开水半碗，红糖适量。

【做法】把姜片放入碗中，加入白开水，再入红糖，加盖闷约10分钟，调匀即成。晾至温热（不烫手），即可给宝宝饮用。每日2次，连服2天。

【功效】适合6个月以上宝宝饮用。生姜性温味辣，可除风邪寒热，消肿通窍，开胃健脾，搭配红糖还可活血、暖胃，更有利于宝宝发汗、退热。

淡豆豉葱白煲豆腐

【原料】淡豆豉、葱白各10

克，生姜2片，豆腐150克。

【做法】豆腐洗净，切成小块，放入油锅中略煎一下，然后放入淡豆豉，加入清水约1碗半，煎取为80毫升（约大半碗水量）加入葱白、生姜，大火煮沸即可。捞出淡豆豉、生姜、葱白弃之，趁热给宝宝喝汤和吃豆腐，盖上被子发汗。每日1次，连服1~3日。

【功效】适合8个月以上宝宝食用。淡豆豉葱白煲豆腐是广州和珠三角一带民间常用治疗外感风寒的偏方，可解表发汗，清热透疹，宽中除烦，可迅速为宝宝退热。

服用此汤后，被子不要给宝宝盖得过严、过厚，不要弄得大汗淋漓，否则影响疗效。宝宝发汗后，要换下湿衣，穿上干净清洁的干衣服，避免病情反复。

2. 风热发热

淡盐水

【原料】食盐1克，白开水150毫升。

【做法】将食盐放入杯中，冲入白开水搅匀，晾至温热，即可给宝宝饮用。每日1~2次，连服3日。

【功效】适合1岁以上宝宝饮用。淡盐水具有降火益肾、去除内热的功效，有助于风热发热的宝宝退热，还能为宝宝补充水分，避免宝宝脱水。

白茅芦根水

【原料】白茅根10克，芦根8克，冰糖适量。

【做法】将白茅根、芦根一同放入砂锅中，加两碗水（约500毫升）煎至1碗，滤出，加入冰糖调匀，晾至温热即可给宝宝饮用。每日1剂，分2次服用，连服3天。

【功效】适合6个月以上宝宝饮用。白茅芦根水可凉血止血、清热生津、除烦止呕，还有助于宝宝排尿，使宝宝恢复正常。

【护理方法】

宝宝退热后，一定要注意护理，应避免宝宝病情反复。

（1）换洗衣、被。宝宝发热时，穿的衣服要及时清洗干净晾干，最好在阳光下暴晒，可杀灭有害菌。

（2）保持室内空气流通，室温宜保持在24~26℃，夏季炎热时可调低一点。

（3）保证正常作息时间，穿宽松衣服，可给宝宝睡水枕、洗温水澡，可以多泡一会儿，促进血液循环，调节体温。

 温馨提示

酒精刺激性大，且易引起酒精中毒，不建议家长给小婴儿使用酒精擦身退热法。

咽喉红肿——日常饮食"挑着吃"

咽喉红肿一般是风犯肺热导致的，要真正、彻底治愈咽喉红肿只有先治疗原发病，同时饮食上一定要注意清淡，不要过多吃湿热、燥热的食物。俗话说："鱼生火，肉生痰，青菜萝卜保平安。"在宝宝因肺热导致咽喉红肿时，饮食上注意一下是有道理的。宝宝咽喉红肿时，可多吃以下食物。

1. 新鲜蔬菜如青菜、大白菜、白萝卜、胡萝卜、西红柿等，可供给多种维生素和矿物质，有利于机体代谢功能的修复。菜肴要避免过咸，且尽量以蒸煮为主，不要油炸煎烩。

2.黄豆制品含优质蛋白，能补充由于炎症而使机体损耗的组织蛋白，且不会增痰助湿。

3.可适当增添少量瘦肉等富含蛋白质的食物。

---------------- ‖ 调养食疗方 ‖ ----------------

白萝卜饮

【原料】白萝卜适量。

【做法】白萝卜切成块或条，锅内倒适量水，放入切好的白萝卜，煮10分钟左右。

【功效】适合8～12个月的宝宝饮用，可治疗宝宝咽喉红肿。

甘蔗萝卜百合饮

【原料】甘蔗、白萝卜、百合各50克。

【做法】将甘蔗、白萝卜去皮，榨成汁，各取半杯；将百合煮烂后混入两汁，搅拌均匀。每天晚上睡前让宝宝喝1杯。

【功效】适合1岁以下宝宝饮用。本饮品具有滋阴降火的功效，适用于虚火偏旺、喉干咽燥、面红、手足心热的宝宝。

醋油蜂蜜饮

【原料】醋、香油、蜂蜜各少许。

【做法】将醋、香油、蜂蜜按1∶1∶1的比例混合。每次1小匙，让宝宝慢慢咽下，越慢越好，每天3次。

【功效】适合1岁以上的宝宝饮用。可治疗咽喉红肿，对久咳、夜咳也很有帮助。

薄荷粥

【原料】薄荷10克，大米100克。

【做法】锅内倒适量水，水开后将薄荷、大米倒入煮成粥即可。

【功效】适合1岁以上宝宝食用。本粥较适合咽喉肿痛、感冒内热的宝宝。

 ## 湿疹——对症食疗轻松调理

小儿湿疹是一种过敏性皮肤病，湿疹主要发生在宝宝的双颊、额部和下颌部，严重时胸部和上臂也会出现。湿疹初期，会出现针头大小的红色丘疹，继而会产生水疱、脓疱、渗液，能形成痂皮，痂皮脱落后或形成红斑，继而慢慢长出新的皮肤，会有少许薄痂或鳞屑片。

湿疹

宝宝患湿疹的原因是多方面的，即使是去医院检查也需要结合每个宝宝的情况具体分析，有时也难明确具体的源头。其实，父母也可根据宝宝的实际情况查找原因。一般有以下几种原因。

1. 遗传因素

通常有遗传过敏性体质的宝宝，在喂养不当、消化不良时易引起湿疹。所以，如果父母有一方是这样的体质，那么宝宝就容易因过敏而产生湿疹。如果父母都不是过敏性体质，妈妈就要仔细想一想怀孕、喂养期间，是否进食过湿毒性较强的食物，或者摄入过多含有人工添加剂的食物，导致宝宝出生后或母乳后产生湿疹。

2. 喂养方式不当

一般宝宝从4个月起开始添加辅食，所以无论从食材、添加方式、喂养方法都各有不同，如果刚开始就给宝宝添加多种辅食，很可能使宝宝胃肠受到刺激，产生不适，引起过敏，从而导致湿疹。

3. 环境因素

出生不久的宝宝，对外界的适应能力较弱，如因季节变化、花粉、皮毛纤维及化学挥发性物质等不慎吸入体内，也会引起过敏，如果妈妈平常不注意，也会诱发湿疹。

经过仔细探究，湿疹发生的大体原因和方向就能确定。除了必要的用药外，要让宝宝尽量避开导致疾病的食物与环境，保证湿疹不会反复发作。治疗湿疹除专用药物外，还可运用中药食疗搭配治疗，这样既可使病情逐渐好转，还有利于脾胃功能的健康。

‖ 调养食疗方 ‖

 薏米红豆煎

【原料】薏米35克，红小豆20克，白糖少许。

【做法】红小豆预先浸泡6～8小时，捞出洗净；薏米洗净与红小豆一同放入锅中，加适量水，同煮至豆烂，酌量加白糖调味即成。晾至温热后给宝宝食用，早、晚各1次。

【功效】适合1岁以上宝宝食用。薏米具有利水消肿、健脾祛湿、舒筋除痹、清热排脓的功效；红豆可活血排脓、清热解毒，而且富含维生素B$_1$，两者搭配既可治疗湿疹，也可补益

身体。

 绿豆海带粥

【原料】大米30克，水发海带40克，绿豆20克，红糖少许。

【做法】大米淘洗干净；海带洗净，切碎；绿豆洗净；将大米、海带、绿豆一同放入锅中，加适量清水，熬煮成粥，再加入红糖调匀，继续熬煮2分钟即成。晾至温热后，给宝宝食用。

【功效】适合8个月以上的宝宝食用。绿豆可清热解毒，海带能消炎退热，补血润脾，降低血压，搭配做成粥，不仅可缓解湿

疹不适症状，而且还可起到预防的作用。

 黄瓜煎

【原料】黄瓜皮25克。

【做法】将黄瓜皮放入锅中，水煎至沸，滤出汤汁，加少许糖，拌匀即成。晾至温热即可给宝宝饮用，每日1剂，分3次服用。

【功效】适合4个月以上宝宝饮用。黄瓜具有清热解毒、生津止渴的功效，可辅助治疗宝宝湿疹。

 马齿苋煎

【原料】鲜马齿苋25-50克。

【做法】将鲜马齿苋洗净，放入砂锅中，水煎成汁。刚出生的宝宝可外洗，每日1次；8个月以上的宝宝可内服，每日3次，每次10-30毫升。

【功效】马齿苋具有清热解毒、散血消肿的功效，可缓解湿疹、痱子带来的不适感。

【外治疗法】

1. 紫草治湿疹

紫草具有凉血活血、解毒透疹的功效，用于血热毒盛、斑疹紫黑、麻疹不透、疮疡、湿疹、水火烫伤等。治宝宝湿疹时，取紫草、香油各适量，把香油温热后，取洁净搪瓷容器放入熟油加入紫草，浸泡约2小时即可使用。用棉签涂抹患处，每日1次，2～3天即可痊愈。

2. 苦瓜治湿疹

将苦瓜捣碎，用纱布包好轻拍患部，每日3次，2～3天即可痊愈。苦瓜含奎宁，具有清热解毒、祛湿止痒之功，可用于治疗热毒、痱子、湿疹、疖疮等病症。